U0121613

新文京開發出版股份有限公司

NEW WCDP

新世紀・新視野・新文京 — 精選教科書・考試用書・專業參考書

New Wun Ching Developmental Publishing Co., Ltd.

New Age · New Choice · The Best Selected Educational Publications—NEW WCDP

第**9**版

9th Edition

反應工程學

Chemical Reaction Engineering

林俊一 編著

　　教了三十多年的書，用的教科書都是原文的。在教課過程中，偶爾會發現，教科書中有明顯的錯誤，但是次數非常少。

　　筆者平時也做研究，把研究結果寫成英文論文，投到 SCI 期刊去，經過審查後，總編輯會把審查者意見轉過來給我。有位審查者曾告訴我，論文應該用最適當的文字呈現出來，讓讀者看得懂。

　　這兩個論點也適用於中文教科書，因此自我期許：我寫的三本教科書《單元操作與輸送現象》、《反應工程學》及《化學反應工程》應該(1)把差錯降到最低；(2)把文字寫得最淺顯，讓技職體系的同學容易瞭解。

　　2012 年 2 月 1 日退休以後，空出很多時間，秉持上面的兩個理念，把這三本書的課文、圖、表、附錄及索引徹底檢視一遍，把差錯修正、把文字淺顯化。雖然如此，本書中仍然可能會有錯誤。如果讀者發現了，敬請來 e-mail（cilin@mail.ntust.edu.tw）指教，不勝感激。

　　本書的封面及封底，附有編著者本人的畫作，與同學分享之。

林俊一　謹識

於　國立台灣科技大學化工系

林 俊 一

學 歷 東海大學化工學士

美國紐約州立大學化工碩士、博士

資 格 考試院化工技師檢覈考試及格

曾 任 淡江大學化工系副教授、教授、系主任

國立台灣科技大學化工系教授

美國俄亥俄州立大學冶金系客座教授

國立台灣科技大學技術合作處處長

國立台灣科技大學技教中心主任

考選部多項考試典試委員

中央標準局兼任專利審查委員

中央標準局國家標準起草委員

中國工程學刊總幹事、編輯

中國化學工程學會會誌編輯

國家教育研究院高職教科書審查委員

榮 譽 67 年度中國化學工程學會最佳論文獎得主

97 年度台灣化學工程學會傑出論文獎得主

● ● ● 目錄
CONTENTS

CH **01** 總　論

● 1-1　概　述

　　化學程序(chemical process)包括兩種處理方式(treatment)：物理處理(physical treatment)和化學處理(chemical treatment)。前者在單元操作(unit operations)中討論，後者為單元程序(unit processes)和反應工程學(chemical reaction engineering)之課題。單元程序把化學工業中主要的化學反應加以整理討論。反應工程學（亦稱化工動力學）則偏重於化學反應速率(rate)的探討和反應器設計(reactor design)。

● 1-2　熱力學和化學動力學

　　當我們要設計一個反應器時，首先要考慮的兩點是：一、該化學反應是否能進行？能進行時，會進行到何種程度？二、該化學反應有多快？前者涉及化學熱力學，後者和化學動力學有關。

　　假設我們要知道下面的反應

$$aA + bB = cC + dD \quad\text{.. (1-1)}$$

在達到平衡時，這個反應可以達到什麼樣的程度，最好的辦法是利用熱力學的方法，計算整個反應的標準自由能變化(change of standard free energy)值，$\Delta G°$。

$$\Delta G° = cG°_C + dG°_D - aG°_A - bG°_B \quad\text{... (1-2)}$$

因為 $\Delta G°$ 和反應平衡常數(equilibrium constant) K 之間的關係如下

$$\Delta G° = -R_g T \ln K \quad\text{.. (1-3)}$$

根據上式，可以得到 K 值。K 值愈大時，反應達到平衡後的轉化率(conversion)愈趨近於一。反之，K 愈小，則反應達到平衡後的轉化率愈小。圖 1-1 所表示的是一個典型的例子，它的平衡轉化率約為 0.65。

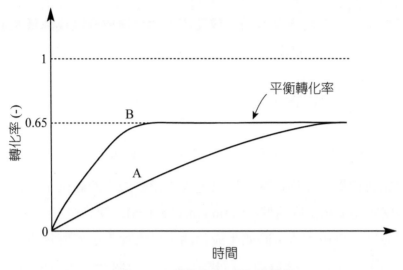

▶圖 1-1　轉化率和時間的關係

圖 1-1 中之 A 曲線和 B 曲線係代表同一種反應，B 線是加了觸媒 (catalyst)以後的情況。我們知道觸媒只能改變反應速率(reaction rate)而不能改變反應的平衡轉化率(equilibrium conversion)。如將反應速率和反應時間的關係表示出來，則如圖 1-2 所示。

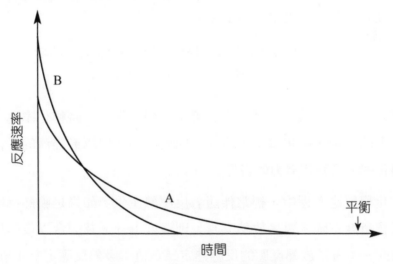

▶圖 1-2　反應速率和時間的關係

我們可以改變反應溫度和／或反應壓力來達成升高或降低 K 值之目的。平衡常數 K 和反應溫度 T 之關係常以凡特荷夫(van't Hoff)式表示：

$$\frac{d(\ln K)}{dT} = \frac{\Delta H_r}{R_g T^2} \quad\text{...}\ (1\text{-}4)$$

平衡常數和反應壓力的關係則可參考化學熱力學書籍得之。

　　現在我們提到反應速率，則已進入化學動力學的範圍了。化學動力學包括反應速率和反應機構(reaction mechanism)之探討。

　　反應速率是用每單位時間生成物的生成摩爾數或反應物的消失摩爾數來表示。化學反應機構則探討構成該反應的個別化學事件(individual chemical events)。一般來說，在設計反應器時我們常須知道化學反應的速率方程式(rate equation)。

● 1-3　轉化率和反應溫度

　　現在讓我們給轉化率下個定義：

$$\text{轉化率} \equiv \frac{\text{開始反應後的某個時間，反應物}\Lambda\text{消耗掉的量}}{\text{開始反應時，反應物A的量}} \quad\text{.........}\ (1\text{-}5)$$

由此可知，還沒反應時，轉化率為零；達到完全反應時轉化率為一。站在工業上的立場，轉化率愈大愈好。因此我們如何以最經濟的手段來達到高轉化率，是我們努力的目標。

　　在化學反應過程中，經常伴隨著反應熱產生。如果是吸熱反應會使整個系統溫度下降。要是放熱反應，則溫度上升。為配合以後的反應器能量均衡。本書把放熱反應的反應熱定為負值；吸熱反應定為正值。

　　造成反應溫度高低的因素除了反應熱以外，還有外界加熱或冷卻之速率、進料速率及出料速率和反應物及生成物的熱含量等等。

　　反應溫度除了改變反應速率以外，還會改變化學反應平衡常數 K 之大小，進而改變轉化率的大小。

● 1-4　反應器設計

　　當我們知道某個反應在某種條件之下會進行，又知道化學反應之速率式後（不管是由反應機構推導而得，或純粹由實驗方式求得），我們會希望能夠將這個反應放在某一種容器內進行。說得具體一點就是，我們希望把產品生產出來，獲取利潤。某一種容器就是所謂的反應器(reactor)了。那麼反應器是長的或扁的，是大的或是小的，是分批進行或是連續進料才能符合我們的經濟原則呢？這就是反應器設計的範圍了。

　　我們知道一個化學工廠建廠的三部曲是實驗室階段、實驗工廠(pilot plant)階段和生產工廠階段。反應工程學在這三個階段都用上了。在實驗室階段，我們以反應機構理論，配合實驗所得的動力學數據，找出反應速率式。此外，利用熱力學求取化學反應熱、反應平衡常數及反應混合物的熱容量。在實驗工廠階段，我們利用以上所得到的數據，配合輸送現象中動量傳送、熱量傳送和質量傳送的知識，以設計最佳之化學反應器。在此階段中並反覆作實驗，以修正一些數據。最後再利用實驗工廠的數據，去設計生產工廠的反應器。

　　工廠蓋好後的試車、操作和維護也都須要對反應器有所瞭解才能達成任務。因此我們說反應器設計和整個化學工廠息息相關。

● 1-5　化學反應的分類

化學反應可根據發生時所牽涉到的相數分成：勻相(homogeneous)反應和不勻相(heterogeneous)反應。勻相反應是指反應在同一相(phase)內進行，例如：氣相或固相。不勻相反應則在反應時包括兩種以上的相在內。有些反應，像火焰之燃燒並不能很清楚的說出是屬於那一類。另外一種分類則是以有無觸媒參與來決定是催化反應或無催化反應。為增加讀者之印象我們於表 1-1 中列出一些重要的反應。

▌表 1-1　化學反應的分類

	催化反應	無催化反應
勻相系	大部分之液相反應	大部分之氣相反應
介於勻相系與不勻相系之間	酵母反應	火焰之燃燒
不勻相系	氨之合成 原油之裂解 SO_2 氧化成 SO_3	煤炭之燃燒 礦石之還原 固體被酸侵蝕

上表中，不勻相系催化反應所舉的例子大都是反應物和生成物同相，可是反應過程中必須有固體觸媒存在，而且牽涉到擴散(diffusion)的問題，因此列在不勻相反應中。

● 1-6　反應器的種類

化學工業中的化學反應，幾乎全部在反應器內進行。反應器可根據下列三種方法分類：(1)反應物的相數；(2)反應器內反應物和生成物濃度的分布；(3)進出料的方法。

在 1-5 節中我們曾把化學反應分成勻相和不勻相兩類，因此反應器也可分成勻相和不勻相兩類。勻相反應器中的化學反應只在一種相中進行，如下面之化學反應就是在液相中進行。

$$H_2SO_4(l) + (C_2H_5)_2SO_4(l) = 2C_2H_5SO_4H(l) \text{..............................} (1\text{-}6)$$

不勻相反應如氧化鐵之還原：

$$Fe_2O_3(s) + 3CO(g) = 2Fe(s) + 3CO_2(g) \text{.....................................} (1\text{-}7)$$

上面反應中有氣相(CO)和固相(Fe_2O_3)兩相之反應物參加化學反應。

攪拌槽反應器(stirred-tank reactor)為最常見的勻相反應器。流體化床反應器(fluidized-bed reactor)則屬於不勻相反應器。此兩種反應器分別繪於圖 1-3(a)及 1-3(b)。

依反應器內反應物濃度分布，可分成攪拌槽反應器(stirred-tank reactor)和塞流反應器(plug-flow reactor)。凡在一反應槽內，有一根很有效率的攪拌器就可稱為攪拌槽反應器。因為攪拌器攪動的關係，反應器內的成分和溫度到處一樣。圖 1-3(c)所示者為一塞流反應器，在此種反應器內，不同位置有不同的成分、不同的轉化率和不同的溫度。

將反應物(reactants)放入反應器中反應，等反應一段時間後才把生成物(products)和未反應完的反應物取出，此種反應器稱為批式反應器(batch reactor)，如圖 1-3(a)所示。若反應物不斷的流入反應器而生成物連續的由反應器中流出者，稱為連續式反應器(continuous reactor)。

批式反應器常用來做勻相反應的反應動力學實驗。連續式反應器則主要用來研究不勻相反應；有時也用來研究特殊的勻相反應，如非常快的反應或產生很多不同產物的反應。在工業的應用方面，生產量少的勻相反應可用批式反應器；處理量多和反應速率相當高的勻相反應，以及不勻相的反應則採用連續式反應器。

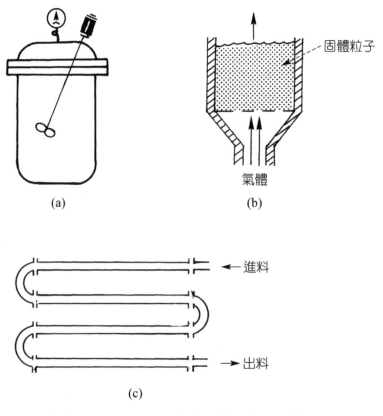

固體粒子

氣體

(a)　　　　　　　　　　　(b)

←進料

→出料

(c)

▶圖 1-3　(a)勻相反應器（攪拌槽反應器）

(b)不勻相反應器（流體化床）

(c)塞流反應器

● 1-7　重點回顧

　　在本章中我們談到了，化學熱力學算出一個化學反應在某一個情況下是否能進行，由化學動力學得知反應的快慢並找出反應速率式。藉著這些知識，加上動量傳送、能量傳送和質量傳送的知識來設計反應器。

　　此外，我們也討論了化學反應的種類和反應器的種類。

習題　● ● ●

1. 若將下列器具看成反應器時，應屬批式反應器、攪拌槽反應器、塞流反應器或只是連續式反應器？

   (1) 用電鍋煮飯

   (2) 公路上行駛機車的引擎

   (3) 新式磚窰和舊式磚窰

2. 人體器官中，有那些可以看成攪拌槽反應器；有那些可以看成塞流反應器？

3. 下列反應應該屬於何種反應？催化或無催化？勻相反應或不勻相反應？

   (1) 煤之燃燒

   (2) 酸鹼之滴定

   (3) 硫酸製造過程中的反應

   (4) 輕油裂解

4. 轉化率如何定義？

MEMO

CH **02** 勻相反應的動力學

● 2-1　概　述

匀相化學反應係在同一相(phase)中進行，因此本章研究同一相中化學反應的快慢。影響此反應速率的因素為何？形成化學反應的理論有那些？實驗所得之數據如何解說？凡此種種都是本章討論的範圍。

● 2-2　基本概念

2-2-1 化學反應方程式及係數平衡

當我們看到下面的化學反應方程式時，

$$C_7H_{16} + 11O_2 \rightarrow 7CO_2 + 8H_2O \quad\text{...} (2\text{-}1)$$

我們知道反應物是 C_7H_{16} 和 O_2，而生成物是 CO_2 和 H_2O，至於它們反應時的比值關係則須從化學計量數(stoichiometric number)1、11、7 和 8 才能知道。即一個摩爾的 C_7H_{16} 和十一個摩爾的 O_2 反應生成七個摩爾的 CO_2 和八個摩爾的 H_2O。這些化學計量數的關係是相對的。因此反應式(2-1)也可寫成

$$\frac{1}{7}C_7H_{16} + \frac{11}{7}O_2 \rightarrow CO_2 + \frac{8}{7}H_2O \quad\text{...} (2\text{-}2)$$

或其他類似的形式，只要化學計量數之間的比值不變就可以了。

至於這些化學計量數是如何得來的呢？是根據物質不滅定律，由左右兩邊的化學元素平衡而來。即左邊有七個 C 右邊必須有七個 C。左邊有十六個 H 右邊亦必須有十六個 H。依此類推可得到化學計量數的值。

式(2-1)並沒有告訴我們，反應系統中有無其他不參與反應的惰性物質或觸媒存在；也沒有告訴我們反應系統中 C_7H_{16} 和 O_2 的摩爾比是否為 1 比 11。因為實際反應系統中摩爾比有可能為 $\frac{1}{12}$ 也有可能 $\frac{2}{11}$。前者 O_2 過剩，因此稱 C_7H_{16} 為限制反應物(limiting reactant)；O_2 為過量反應物 (excess reactant)，後者 C_7H_{16} 為過量反應物；O_2 為限制反應物。

式(2-1)也沒有告訴我們，實際上的反應會達到什麼程度，更沒有告訴我們反應到底有多快。因此下面我們要介紹反應速率的表示法。

▶ 2-2-2　反應速率

為表示化學反應的快慢，必須用一數學式子來表示，才能使人一目瞭然。最常見的反應速率表示法是單位體積、單位時間內生成物產生的摩爾數。

$$r = \frac{1}{V}\frac{dN}{dt}[=]\frac{\text{生成物的生成摩爾數}}{(\text{體積})(\text{時間})} \quad \text{...} (2\text{-}3)$$

若 N 指的是反應物的摩爾數時，dN/dt 是負值。

若有一化學反應如下所示：

$$aA + bB \rightleftharpoons cC + dD \quad \text{...} (2\text{-}4)$$

則反應速率表示式如下：

$$r = -\frac{1}{a}\frac{dC_A}{dt} = -\frac{1}{b}\frac{dC_B}{dt} = \frac{1}{c}\frac{dC_C}{dt} = \frac{1}{d}\frac{dC_D}{dt} \quad \text{.................................} (2\text{-}5)$$

C_A、C_B、C_C 和 C_D 分別是 A、B、C 和 D 的濃度。

➤ 2-2-3 反應速率和濃度的關係

假設 A 和 B 要發生式(2-4)的化學反應，則 A 分子和 B 分子必須有碰撞機會。分子的碰撞機會和該反應物的濃度有關。如式(2-4)所示必須有 a 個 A 分子和 b 個 B 分子碰撞才能產生化學反應。A 或 B 的濃度愈高時，碰撞的機會愈多，因此反應愈快。而反應速率與濃度成幾次方的關係則涉及其反應機構。我們先以 a 和 b 來代表次數，其關係可寫成

$$-r_A \propto C_A^a C_B^b \quad\text{...} (2\text{-}6)$$

r_A 前之負號代表 A 是消失的。

為使式(2-6)成為等式，我們加一常數 k，稱之為速率常數(rate constant)。

$$-r_A = kC_A^a C_B^b \quad\text{..} (2\text{-}7)$$

k 的單位常隨 a 和 b 值的不同而不同。假若 a=b=1 則 k 的因次是

（摩爾數）$^{-1}$（時間）$^{-1}$（長度）^{3}

式(2-7)中的 a 和 b 稱之為反應階數(order of reaction)。因此反應式(2-4)對 A 來說為 a 階反應，對 B 來說為 b 階反應。對整體來說是(a+b)階反應。

➤ 2-2-4 基本反應和非基本反應

如果反應式(2-4)確係化學反應的基本步驟時，則反應式(2-4)稱為基本反應(elementary reaction)。若式(2-4)所示者為數個基本反應的總合時，稱為非基本反應(nonelementary reaction)。

氫(hydrogen)和溴(bromine)之間的化學反應，即屬於非基本反應。

$$H_2 + Br_2 \rightarrow 2HBr \dotfill (2\text{-}8)$$

它由下列三個基本反應構成

$$Br_2 \rightleftharpoons 2Br \cdot \qquad 起始步驟和終止步驟 \dotfill (2\text{-}9)$$

$$Br \cdot + H_2 \rightleftharpoons HBr + H \cdot \quad 繁殖步驟 \dotfill (2\text{-}10)$$

$$H \cdot + Br_2 \rightleftharpoons HBr + Br \cdot \quad 繁殖步驟 \dotfill (2\text{-}11)$$

因為反應(2-8)並非基本反應，其反應速率不是

$$r_{HBr} = 2kC_{H_2}C_{Br_2} \dotfill (2\text{-}12)$$

由實驗數據所證實的反應速率方程式為

$$r_{HBr} = \frac{k_1 C_{H_2} C_{Br_2}^{1/2}}{k_2 + C_{HBr}/C_{Br_2}} \dotfill (2\text{-}13)$$

　　由此看來，化學反應式並非全部代表基本反應，而它的反應階數並非完全都和化學計量數有關，亦非都是整數。

🖝 2-2-5　反應速率式之決定

　　通常我們先經由實驗得到反應速率式的形式和反應速率常數群（如 $k_1 k_3 / k_2$）的值，然後再去尋找說明這個反應的機構。這種作法通常只適用於比較簡單的反應。

　　有些情況較為複雜，構成非基本反應的基本反應數目較多，因此，由理論推導出來的反應速率式較為繁雜，式中速率常數群甚多，無法由實驗證實反應機構之正確性，並求得速率常數群的值。此種情況下，為求爭取時效和降低研究之投資，某些設計公司往往僅憑在某些條件下所

獲得的數據寫出一個簡單的經驗速率式。然後再根據這個速率式去設計實驗工廠。這就是所謂的知其然而不知其所以然的道理。也就是知之亦能行,不知亦能行的一個例子。

當這些公司把產品生產出來上市,賺取相當的利潤後,再從這些利潤中撥出一些經費給予研究部門,對此反應機構作詳細的研究,以改進整個生產程序。

● 2-2-6 化學反應平衡

我們曾在第一章中提及平衡常數 K,在此我們將由化學動力學的觀點來討論平衡常數 K 之物理意義。

如果反應式(2-4)可視為基本反應時,則 C 的生成速率為:

$$r_{Cf} = ck_f C_A^a C_B^b \quad\text{...} \quad (2\text{-}14)$$

C 的消失速率為:

$$-r_{Cr} = ck_r C_C^c C_D^d \quad\text{...} \quad (2\text{-}15)$$

當反應到達平衡狀態時,A、B、C 和 D 的摩爾數會成定值。換句話說,沒有 A 和 B 的淨消失和沒有 C 和 D 的淨生成。為達成這樣的動態平衡(dynamic equilibrium) r_{Cf} 和 r_{Cr} 的和應為 0。

$$r_{Cf} + r_{Cr} = 0 \quad\text{...} \quad (2\text{-}16)$$

因此

$$\frac{k_f}{k_r} = \frac{C_C^c C_D^d}{C_A^a C_B^b} \equiv K_c \quad\text{...} \quad (2\text{-}17)$$

● 2-3　溫度對反應速率的影響

　　化學反應之速率可被反應溫度和成分的濃度所左右，而其關係可以式(2-18)表示：

$$r = f_1(溫度) \cdot f_2(成分濃度)$$

$$= k \cdot f_2(成分濃度) \quad\text{................................(2-18)}$$

我們知道絕大部分的化學反應速率常數 k 和溫度 T 的關係，可以阿瑞尼式(Arrhenius)定律來表示

$$k = k_0 \exp(-E/R_g T) \quad\text{................................(2-19)}$$

　　下面我們將由理論的層次去探討。先由熱力學去推演，再由微觀法 (microscopic view)來導引。

▶ 2-3-1　熱力學之推導

　　假設反應式(2-4)中之化學計量數，a、b、c、d 均為 1，而反應熱為 ΔH_r，則式(2-4)可寫成：

$$A + B \underset{k_r}{\overset{k_f}{\rightleftharpoons}} C + D \qquad \Delta H_r \quad\text{................................(2-20)}$$

平衡常數 K 和溫度 T 之關係可由凡特荷夫(van't Hoff)方程式得之：

$$\frac{d(\ln K)}{dT} = \frac{\Delta H_r}{R_g T^2} \quad\text{................................(2-21)}$$

假設本溶液為理想液體溶液,又本反應 $\Delta n = c + d - a - b = 0$,所以 $K = K_c = \dfrac{k_f}{k_r}$。因之,式(2-21)可改寫成

$$\frac{d(\ln k_f)}{dT} - \frac{d(\ln k_r)}{dT} = \frac{\Delta H_r}{R_g T^2} \quad\text{...} \quad (2\text{-}22)$$

假設

$$\Delta H_r = E_f - E_r \quad\text{...} \quad (2\text{-}23)$$

上式 E_f 和 E_r 分別為正向和逆向反應的活化能。

則

$$\frac{d(\ln k_f)}{dT} = \frac{E_f}{R_g T^2} \quad\text{...} \quad (2\text{-}24a)$$

$$\frac{d(\ln k_r)}{dT} = \frac{E_r}{R_g T^2} \quad\text{...} \quad (2\text{-}24b)$$

將式(2-24)之一積分,可以得到

$$k = k_0 \exp(-E / R_g T) \quad\text{...} \quad (2\text{-}25)$$

式中 k_0 稱為頻率因數 (frequency factor)。E 稱為活化能 (activation energy)。式(2-25)和(2-19)相符合。

🔹 2-3-2 微觀法理論推導

式(2-20)中之 A 和 B 要起化學反應,首要條件為二者必須碰撞。並非所有碰撞都會導致化學反應。只有部分超過最少能量 E 的碰撞才會使 A 和 B 形成活化錯合物(activated complex),AB* 活化錯合物 AB*極不穩定,會分解成 C 和 D。變化過程可以式子表示如下:

$$A + B \rightarrow AB^* \rightarrow C + D \dots\dots\dots\dots\dots\dots\dots\dots\dots\dots\dots\dots (2\text{-}26)$$

其能量變化過程則繪於圖 2-1 中。

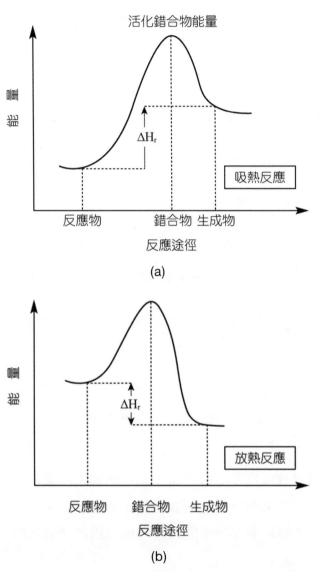

(a)

(b)

▶圖 2-1　基本反應時由反應物變成生成物的能量變化過程

由上觀之，A 和 B 變成 C 和 D 之速率，由變成 AB*之速率或 AB*分解速率所控制。假設 AB*之形成速率極緩，而 AB*之分解極快，則整體反應速率由前者控制。以此為出發點之理論叫做碰撞理論(collision theory)。反之由後者控制。以此為出發點之理論叫做過渡狀態理論 (transition-state theory)。

由碰撞理論可以導出反應常數 k 與溫度 T 的關係為

$$k \propto T^{1/2} \exp(-E/R_g T) \quad\text{.. (2-27)}$$

以過渡狀態理論所推導出的關係則為

$$k \propto T \exp(-E/R_g T) \quad\text{.. (2-28)}$$

$T^{1/2}$ 或 T 對 k 的影響都比 $\exp(-E/R_g T)$ 對 k 的影響來得小，因此式(2-27)及式(2-28)都可以約略簡化成式(2-25)的阿瑞尼式(Arrhenius)定律：

$$k = k_0 \exp(-E/R_g T) \quad\text{.. (2-29)}$$

或 $\qquad \ln k = \ln k_0 - \dfrac{E}{R_g}\dfrac{1}{T} \quad\text{.. (2-30)}$

繪圖時，我們常以 ln k 為縱軸，以 1/T 為橫軸畫圖。可得斜率為 $-E/R_g$ 的直線，如圖 2-2 所示。

無論碰撞理論或過渡狀態理論，都是試圖由理論的方法去預測化學反應之速率。一般來說，碰撞理論所預測的速率常在實驗值之左右，或較實驗值稍大。對於簡單分子間的反應則以過渡狀態理論之預測值較接近於實驗值。

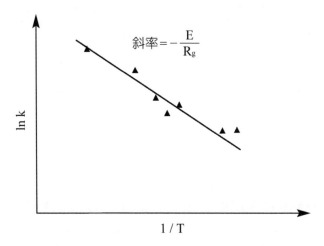

斜率 $= -\dfrac{E}{R_g}$

▶圖 2-2　反應常數 k 和溫度 T 的關係

● 2-4　重點回顧

　　在本章裡面，我們介紹了化學動力學中用到的名詞，如反應速率、反應階數、基本反應和非基本反應、化學反應速率式和反應機構的關係及化學反應平衡。

　　另外，我們由熱力學去推導，得到阿瑞尼式定律。並由碰撞學說和暫態學說導出溫度和反應速率常數的關係。最後我們知道速率常數 k 的對數值和絕對溫度的倒數值成線性關係。

習題

1. 有一液相化學反應為

$$A + B = R \quad .... (2\text{-}31)$$

請問：

(1) 如該反應為基本反應且不可逆時，其反應階數及反應速率式如何？

(2) 如該反應為非基本反應且不可逆時，其反應階數及反應速率式又如何？

(3) 如反應速率式為 $-r_A = kC_A^{1/2}C_B$ 時，其反應階數是多少？反應為可逆或不可逆？

(4) 如反應速率式為 $-r_A = kC_AC_B$ 時，其反應速率常數 k 的單位如何？

2. 有一氣體反應在 550K 時的速率式為

$$-\frac{dP_A}{dt} = 4.37P_A^2 \quad N/(m^2 \cdot s) \quad .... (2\text{-}32)$$

試求：

(1) 速率常數的單位。

(2) 速率方程式為：

$$-r_A = -\frac{1}{V}\frac{dN_A}{dt} = kC_A^2 \quad kg\text{-}mol/(m^3 \cdot s) \quad .... (2\text{-}33)$$

速率常數的單位。

3. 有一液態反應，其化學反應方程式為：

$$2A + B \rightarrow 2R \ \text{..} \ (2\text{-}34)$$

而它的速率方程式是

$$-r_A = kC_A^2C_B \quad kg\text{-}mol/(m^3 \cdot s) \ \text{...} \ (2\text{-}35)$$

請問：

(1) 此反應是不是基本反應？

(2) 反應速率常數 k 的單位為何？

(3) 它的反應階數為何？

(4) 如果我們把它的化學方程式寫成

$$A + \frac{1}{2}B \rightarrow R \ \text{...} \ (2\text{-}36)$$

請問這個反應的速率方程式為何？

4. 有一化學反應

$$2A \rightarrow C \ \text{..} \ (2\text{-}37)$$

其速率方程式為

$$-r_A = 0.008C_A^2 \quad kg\text{-}mol/(m^3 \cdot s) \ \text{.......................................} \ (2\text{-}38)$$

假設濃度單位為 $kg\text{-}mol/m^3$，時間為 s 時，其速率常數之單位為何？

5. 三階反應時，反應速率常數的單位為何？

6. 一般而言，反應速率為溫度及濃度之函數。

  (1) 請問其中那一項與溫度有關？與溫度之關係為何？

  (2) 在何種情況下反應速率與濃度無關？

7. 有一反應，在反應時，其能量變化過程如圖 2-3 所示，試問此為吸熱反應或放熱反應。其活化能的表示式如何寫？

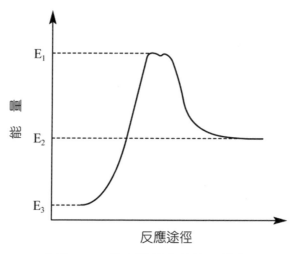

▶圖 2-3　反應過程中的能量變化

8. 碰撞理論和過渡狀態理論假設的不同點在那裡？

9. 某一化學反應在 600K 時的速率為 400K 時的十倍，試分別以阿瑞尼式定律和過渡狀態理論求出其活化能。

10. 氫氣還原氧化鎳的化學反應

$$NiO(s) + H_2(g) \rightarrow Ni(s) + H_2O(g) \quad\text{..} (2\text{-}39)$$

是一階反應。

$$-r_{NiO} = kC_{H_2} \quad\text{..} (2\text{-}40)$$

　　由實驗得到各個溫度下反應速率常數值如表 2-1 所示：

▌表 2-1　習題 10 之數據

T(K)	497	517	520	532
k(1/s)	4.29	8.81	6.89	20.5

　　請以阿瑞尼式定律求此化學反應的活化能。

11. 試根據表 2-2 的數據，找出化學反應的活化能：

▌表 2-2　習題 11 之數據

T(°C)	0	6	18	30
$k \times 10^5 (m^3/(kg - mol \cdot s))$	5.6	11.8	48.8	208

參考
文獻

1. Aris, R, "Elementary Chemical Reactor Analysis" (1967).

2. Carberry, J.J., "Chemical and Catalytic Reaction Engneering" (1976).

3. Coulson, J.M. and J.F. Richardson, "Chemical Engineering" Vol.III (1971).

4. Fogler, H.S., "Elements of Chemical Reaction Engineering" 2nd Ed. (1992).

5. Frost, A.A. and R.G. Pearson, "Kinetics and Mechanism" 2nd Ed. (1961).

6. Holland, C.D. and R.G. Anthony, "Fundamentals of Chemical Reaction Engineering" (1979).

7. Hougen, O.A. and K.M. Watson, "Chemical Process Principles, Part III Kinetics and Catalysis" (1973).

8. Levenspiel, O. , "Chemical Reaction Engineering", 2nd Ed. (1972).

9. Smith, J.M., "Chemical Kinetics", 2nd Ed. (1970).

CH **03** 批式反應器實驗數據
的解說

● 3-1　概　述

在第二章中，我們已把化學動力學的概念簡單介紹過了。這些概念包括反應速率、反應速率和濃度及溫度的關係，基本反應及非基本反應和反應階數等等。文中亦提及化學反應上的兩種理論：碰撞理論和過渡狀態理論。

找尋反應速率和濃度的關係，除了由反應機構推導外，另一個重要的方法就是利用實驗來找尋。一般情形下，勻相反應動力學數據的找尋是在如圖 3-1 所示的批式反應器中進行。圖 3-1 是一帶有攪拌器的反應器置於一恆溫槽中。開始反應時，把反應物一起倒入反應器中，開動攪拌器。每隔一段時間取出反應器內少許混

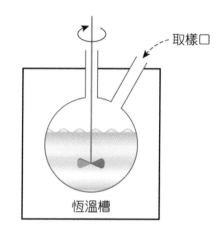

▶圖 3-1　求取實驗數據的批式反應器

合物，分析反應物和（或）生成物之成分。這樣子我們可以得到反應物（或生成物）和時間的關係。藉由這些關係，我們可以整理得到，在這個溫度下的反應速率式和反應速率常數值。

接下來，改變反應溫度，再得到另一個溫度的反應速率式和反應速率常數值。由幾個不同溫度所得到的數據可以得到化學反應的活化能，亦即找出了反應速率和溫度的關係。

假設有一個化學反應

$$aA + bB \rightarrow cC + dD \quad \text{.. (3-1)}$$

其反應速率方程式是

$$-r_A = k_0 \exp(-E/R_g T) C_A^a C_B^b \dots\dots (3\text{-}2)$$

我們先將和濃度有關的階數 a 和 b 求出。再來討論如何求出和溫度有關的頻率因數 k_0 和活化能 E 的值。

反應器雖有批式和連續式兩種，為了得到化學反應動力學的數據，一般都取恆溫和定容的批式反應器來做實驗。連續式反應器一般用於不勻相反應之研究中。

化學反應中組成 i 的變化速率可以下式表示：

$$r_i = \frac{1}{V}\frac{dN_i}{dt}$$

$$= \frac{1}{V}\frac{d(C_i V)}{dt}$$

$$= \frac{1}{V}\frac{VdC_i + C_i dV}{dt} \dots\dots (3\text{-}3)$$

$$r_i = \frac{dC_i}{dt} + \frac{C_i}{V}\frac{dV}{dt} \dots\dots (3\text{-}4)$$

從式(3-4)來看，$\dfrac{dC_i}{dt}$ 係濃度對時間的變化率，$\dfrac{dV}{dt}$ 是容積對時間的變化率。一般的液態反應或摩爾不變的氣態反應，都可看成定容反應，因此 $\dfrac{dV}{dt} = 0$，所以式(3-4)可改寫成

$$r_i = \frac{dC_i}{dt} \dots\dots (3\text{-}5)$$

在本書中將侷限於討論定容的化學反應。化學反應過程中，容積會改變的情況，可參閱參考文獻 2。

● 3-2　積分法(integral method)和微分法 (differential method)之數據分析

在某一化學反應中，通常所能得到的數據是某些組成在不同時間的濃度。我們可以由這些數據來找尋反應速率和濃度的關係式。分析這些數據的重要方法有二：積分法和微分法。

☛3-2-1 積分法——不可逆反應(irreversible reaction) 和可逆反應(reversible reaction)

由第二章中我們知道，反應物 A 在一化學反應中消失的速率可以下式表示：

$$-r_A = -\frac{dC_A}{dt} = kf'(C) \quad\text{……………………………………………(3-6)}$$

上式中 C 為各反應物及生成物的濃度，$f'(C)$ 隨組成濃度而變，為一未知之函數。

將式(3-6)重新排列可得：

$$-\frac{dC_A}{f'(C)} = k\,dt \quad\text{……………………………………………………(3-7)}$$

$f'(C)$ 可根據其他資訊改寫成 C_A 的函數 $f(C_A)$，則式(3-7)可改寫成

$$-\frac{dC_A}{f(C_A)} = kdt \quad\text{………………………………………………………(3-8)}$$

積分之

$$F(C_A) = -\int_{C_{A0}}^{C_A} \frac{dC_A}{f(C_A)} = k\int_0^t dt = kt \quad\text{..}\quad (3-9)$$

其中 C_{A0} 是，組成 A 在開始反應時的濃度。

　　積分法首先假設一個 $f(C_A)$ 的形式，將式(3-9)中的積分部分積出來。然後將在某一時間時，實驗所得之濃度代入所積出來的式子，並以 $-\int_{C_{A0}}^{C_A} \frac{dC_A}{f(C_A)}$ 為縱軸，以 t 為橫軸作圖（如圖 3-2 所示）。依此，將每個時間的濃度納入圖中，則我們可以檢視這些數據點是否落入一條經過原點的直線上。因為根據式(3-9)，以 $-\int_{C_{A0}}^{C_A} \frac{dC_A}{f(C_A)}$ 對 t 作圖，應得一過原點的直線。若各點不在此直線上，則我們知 $f(C_A)$ 之假設有問題，須重新假設 $f(C_A)$ 之形式，再作圖和測試。如此反覆試驗，直到得一過原點之直線為止。至此，我們才算得到正確的 $f(C_A)$ 形式。

　　以下，我們將針對每一種反應階數的積分形式做一介紹討論。

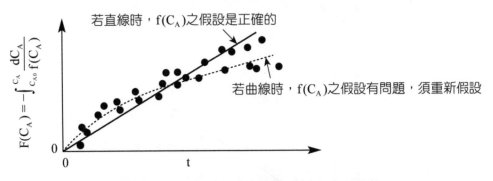

▶圖 3-2　以積分法檢驗反應方程式之正確性

✦ 3-2-1a 零階不可逆反應 (irreversible zero order reaction)

　　零階反應就是反應速率不隨反應物之濃度而改變，發生的情況有二：一為反應本身與濃度無關；一為反應物的濃度極高，反應所消耗的量對其濃度之影響極微。前者之例子有光化學反應，其反應速率只和光照射強度有關。後者之例子為：NO 氧化成 NO_2，有過量之 O_2 存在，因此反應對 O_2 來說是零階的。

　　零階反應時，式(3-6)可寫成：

$$-\frac{dC_A}{dt} = k \quad\text{...(3-10)}$$

積分後可得

$$C_{A0} - C_A = kt \quad\text{...(3-11)}$$

　　就式(3-11)觀之，零階反應時，以 $(C_{A0} - C_A)$ 對 t 作圖，可得一過原點，斜率為 k 之直線如圖 3-3 所示。

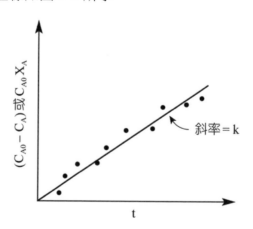

▶ 圖 3-3　零階不可逆反應之測試

　　我們除了可以濃度函數對時間作圖外，還可以轉化率(conversion)之函數對時間作圖。首先讓我們先介紹轉化率 X_A 的定義：

$$X_A \equiv \frac{N_{A0} - N_A}{N_{A0}} \quad\text{..} (3\text{-}12)$$

式中 N_{A0} 和 N_A 分別為時間 $t = 0$ 和 t 時反應物 A 的摩爾數。式(3-12)之物理意義為已轉化 A 的摩爾數對原有 A 摩爾數的比值。

將式(3-12)整理後可得

$$N_A = N_{A0}(1 - X_A) \quad\text{..................................} (3\text{-}13)$$

　　若以 X_A 來表示 C_A 可得：

$$C_A = \frac{N_A}{V} = \frac{N_{A0}(1 - X_A)}{V}$$

$$= C_{A0}(1 - X_A) \quad\text{..} (3\text{-}14)$$

將式(3-14)代入式(3-10)中，可得：

$$C_{A0} \frac{dX_A}{dt} = k \quad\text{..} (3\text{-}15)$$

積分後得：

$$C_{A0} X_A = kt \quad\text{..} (3\text{-}16)$$

　　根據式(3-16)以 $C_{A0} X_A$ 對 t 作圖，可得一過原點之直線如圖 3-3 所示。

　　由實驗觀點來看半生期(half-life time) $t_{1/2}$，極具價值。其定義為反應物 A 由原來濃度降到原來濃度的一半時，所需要的時間。

依此定義，零階反應之半生期為：

$$t_{\frac{1}{2}} = \frac{C_{A0}}{2k} \qquad (3\text{-}17)$$

將式(3-17)整理，可以得到 k 之值為

$$k = \frac{C_{A0}}{2t_{\frac{1}{2}}} \qquad (3\text{-}18)$$

3-2-1b 一階不可逆反應 (irreversible first order reaction)

環丙烷(cyclopropane)重置成丙烯(propylene)和蔗糖之轉化均屬於一階不可逆反應之範疇。

對一階不可逆反應，式(3-6)可寫成

$$-\frac{dC_A}{dt} = kC_A \qquad (3\text{-}19)$$

重組之

$$-\frac{dC_A}{C_A} = k\,dt \qquad (3\text{-}20)$$

將之積分得

$$-\ln\frac{C_A}{C_{A0}} = kt \qquad (3\text{-}21)$$

以轉化率表示可得

$$-\ln(1 - X_A) = kt \qquad (3\text{-}22)$$

因此，若以 $-\ln\dfrac{C_A}{C_{A0}}$ 或 $-\ln(1-X_A)$ 對 t 作圖，可得一過原點，斜率為 k 之直線（如圖 3-4）。

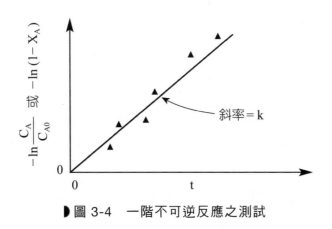

▶圖 3-4　一階不可逆反應之測試

一階反應之半生期為

$$t_{\frac{1}{2}} = \frac{1}{k}\ln 2 \quad\dotfill\text{(3-23)}$$

所須注意者為：一階反應之半生期不受初濃度之影響。

⏵3-2-1c 二階不可逆反應(irreversible second order reaction)

由氣態 H_2 和 I_2 形成 HI 的反應和水溶液中的某些酯化反應(esterification)均屬於二階不可逆反應。

二階反應有三種類型，將分別討論之：

1. 第一類型

$$A + A \rightarrow \text{生成物} \quad\dotfill\text{(3-24)}$$

速率方程式為

$$-\frac{dC_A}{dt} = kC_A^2 \quad\text{...} (3\text{-}25)$$

移項積分得

$$\frac{1}{C_A} - \frac{1}{C_{A0}} = kt \quad\text{...} (3\text{-}26)$$

以轉化率 X_A 表示得

$$\frac{1}{C_{A0}}\frac{X_A}{1-X_A} = kt \quad\text{...} (3\text{-}27)$$

根據式(3-26)和式(3-27)以 $\dfrac{1}{C_A} - \dfrac{1}{C_{A0}}$ 或 $\dfrac{1}{C_{A0}}\dfrac{X_A}{1-X_A}$ 對 t 作圖，可得一過原點而斜率為 k 之直線（如圖 3-5）。

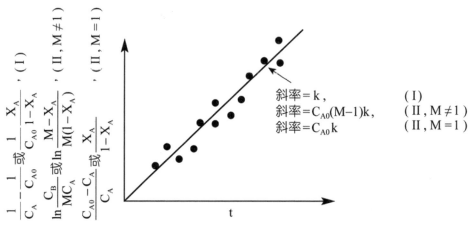

$$\text{斜率} = k, \qquad\qquad (\text{I})$$
$$\text{斜率} = C_{A0}(M-1)k, \quad (\text{II}, M \neq 1)$$
$$\text{斜率} = C_{A0}k \qquad\quad (\text{II}, M = 1)$$

▶圖 3-5　二階不可逆反應之測試

其半生期為

$$t_{1/2} = \frac{1}{kC_{A0}} \text{..} (3\text{-}28)$$

2. 第二類型

$$A + B \rightarrow 生成物 \text{..} (3\text{-}29)$$

速率方程式的形式是

$$-\frac{dC_A}{dt} = -\frac{dC_B}{dt} = kC_A C_B \text{..} (3\text{-}30)$$

根據反應式(3-29)，我們知道：一個 A 消失的同時，會有一個 B 消失，因此 A 和 B 的消失速率相等。換句話說，在任何時間 t，已經反應掉的 A 和 B 數量相等：

$$C_{B0}X_B = C_{A0}X_A \text{..} (3\text{-}31)$$

將式(3-30)中的 C_A 以 $(C_{A0} - C_{A0}X_A)$ 代入，C_B 以 $(C_{B0} - C_{B0}X_B)$ 代入，並將式(3-31)代入可得：

$$C_{A0}\frac{dX_A}{dt} = k(C_{A0} - C_{A0}X_A)(C_{B0} - C_{A0}X_A) \text{.....................} (3\text{-}32)$$

假設 $M = C_{B0}/C_{A0}$ 為初期反應物之比值，則式(3-32)可改寫成

$$C_{A0}\frac{dX_A}{dt} = kC_{A0}^2(1 - X_A)(M - X_A) \text{..............................} (3\text{-}33)$$

移項積分，t 由 0 積到 t，X_A 由 0 積到 X_A，可得

$$\ln \frac{M - X_A}{M(1 - X_A)} = C_{A0}(M-1)kt \text{,} \qquad M \neq 1 \text{..............................}(3\text{-}34a)$$

$$\frac{X_A}{1 - X_A} = C_{A0}\, kt \text{,} \qquad M = 1 \text{..............................} (3\text{-}34b)$$

式(3-34)若用 C_A 和 C_B 來表示可寫成：

$$\ln \frac{C_B}{MC_A} = C_{A0}(M-1)kt \text{,} \qquad M \neq 1 \text{..............................}(3\text{-}35a)$$

$$\frac{C_{A0} - C_A}{C_A} = C_{A0}\, kt \text{,} \qquad M = 1 \text{..............................} (3\text{-}35b)$$

根據式 (3-34) 和式 (3-35)，我們若以 $\ln \dfrac{M - X_A}{M(1 - X_A)}$ 、 $\ln \dfrac{C_B}{MC_A}$ $(M \neq 1)$ 或

$\dfrac{X_A}{1 - X_A}$ 、 $\dfrac{C_{A0} - C_A}{C_A}$ $(M = 1)$ 對 t 作圖，則可得一過原點，斜率為

$C_{A0}(M-1)k$ 或 $C_{A0}\,k$ 之直線（如圖 3-5）。

第二類反應之半生期為：

$$t_{\frac{1}{2}} = \frac{1}{kC_{A0}(M-1)} \ln \frac{2M-1}{M} \text{,} \qquad M \neq 1 \text{..............................}(3\text{-}36a)$$

$$t_{\frac{1}{2}} = \frac{1}{kC_{A0}} \text{,} \qquad M = 1 \text{..............................} (3\text{-}36b)$$

▶ 3-2-1d n 階不可逆反應(irreversibile nth order reaction)

當我們不知道一個化學反應的反應機構時，通常用 n 階反應來表示

$$-r_A = -\frac{dC_A}{dt} = kC_A^n \text{..} (3\text{-}37)$$

積分後可得

$$C_A^{1-n} - C_{A0}^{1-n} = (n-1)kt \, , \quad n \neq 1 \dots\dots\dots\dots\dots\dots\dots (3-38)$$

式中 n 的值可為整數，也可以不是整數。我們經常以試誤法求 n 和 k 的值。一個能使 k 值的變化減至最低程度的 n 值，即是合乎該反應的 n 值。

由式(3-38)，我們知道，如果 $n > 1$，反應物無法在一定時間內完全反應掉。如果 $n < 1$，$t > t_1$ 時

$$t_1 = \frac{C_{A0}^{1-n}}{(1-n)k} \dots\dots\dots\dots\dots\dots\dots\dots\dots\dots\dots (3-39)$$

則 C_A 為負值。這些現象中前者違反不可逆反應的本意，後者違反常理。因此我們積分時最大只能積到 $t = t_1$。

🔒 例題 3-1

1906 年瓦克(Walker)在實驗室中對乙酸乙酯(ethyl acetate)和氫氧化鈉水溶液的皂化反應(saponification)進行研究。

$$CH_3COOC_2H_5 + NaOH \rightarrow CH_3COONa + C_2H_5OH \dots\dots\dots\dots (3-40)$$

如果在 25°C 時，以等摩爾數的 $CH_3COOC_2H_5$ 和 NaOH(0.01g-mol/L)開始進行反應，可得到表 3-1 中所示 NaOH 濃度的變化。

▍表 3-1　例題 3-1 的數據

t(min)	5	9	13	20	25	33	37
C_{NaOH} (g-mol/L)	0.00755	0.00633	0.00541	0.00434	0.00385	0.00320	0.00296

請根據這些數據，找出反應階數和反應速率常數的值。

∫ 解：

假設此反應為基本反應，且可以下式表示：

$$A + B \rightarrow C + D \dots\dots\dots\dots\dots\dots\dots\dots\dots\dots\dots (3\text{-}41)$$

因為 A 和 B 的最初濃度一樣而且他們的化學計量數都一樣，因此 $C_A = C_B$。此反應的反應速率式為

$$-\frac{dC_A}{dt} = -\frac{dC_B}{dt} = kC_AC_B = kC_B^2 \dots\dots\dots\dots\dots\dots(3\text{-}42a)$$

或

$$-\frac{dC_B}{dt} = kC_B^2 \dots\dots\dots\dots\dots\dots\dots\dots\dots\dots (3\text{-}42b)$$

式(3-42b)可積分成

$$\frac{1}{C_B} = kt + \frac{1}{C_{B0}} \dots\dots\dots\dots\dots\dots\dots\dots\dots\dots (3\text{-}43)$$

由表 3-1 的數據算出各個不同時間的 $\dfrac{1}{C_B}$ 值如表 3-2 所示。

▌表 3-2　由表 3-1 的數據算出 $\dfrac{1}{C_B}$ 值

t(min)	5	9	13	20	25	33	37
C_B(g-mol/L)	0.00755	0.00633	0.00541	0.00434	0.00385	0.00320	0.00296
$1/C_B$(L/g-mol)	132.5	158.0	184.8	230.4	259.7	312.5	337.8

接著把表 3-2 中的 $\dfrac{1}{C_B}$ 與 t 的關係繪成圖 3-6。

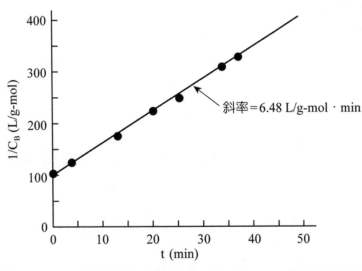

▶圖 3-6　以作圖法求取乙酸乙酯皂化反應的反應階數和速率常數

　　因為各點落在一條直線上，我們知道，此反應為一個二階反應（對乙 酸 乙 酯 和 氫 氧 化 鈉 濃 度 分 別 為 一 階 ）。 速 率 常 數 值 $k = 6.48 \, L /(min \cdot g\text{-}mol) \ = 0.108 \dfrac{m^3}{s \cdot kg\text{-}mol}$。

🔒 例題 3-2

$$A + B \longrightarrow C + D \quad\ldots\ldots\ldots\ldots\ldots\ldots\ldots\ldots\ldots\ldots\ldots\ldots\ldots\ldots\ldots (3\text{-}44)$$

化學反應在批式反應器中進行，$C_{A0} = C_{B0} = 0.1 \, g\text{-}mol / L$，得到表 3-3 所列的數據

■表 3-3 例題 3-2 的數據

t(min)	13	34	59	120
X_A (-)	0.112	0.257	0.367	0.552

假設此化學反應為不可逆的，請以積分法作圖，求出這個化學反應的速率式。

解：

如果這個反應是不可逆一階，其轉化率 X_A 與時間 t 的關係為（由式 (3-22)得知）

$$-\ln(1-X_A) = kt \quad\text{...}(3\text{-}45)$$

以 $\ln(1-X_A)$ 對 t 作圖，可得過原點的直線。如果是不可逆二階時

$$-r_A = kC_A C_B \quad\text{...}(3\text{-}46)$$

因為 $C_{A0} = C_{B0}$，且 A 與 B 之化學計量數皆為 1

$$C_A = C_B \quad\text{...}(3\text{-}47)$$

所以

$$-r_A = kC_A^2 \quad\text{...}(3\text{-}48)$$

將式(3-27)改寫成

$$\frac{X_A}{1-X_A} = kC_{A0}t \quad\text{...}(3\text{-}49)$$

以 $\dfrac{X_A}{1-X_A}$ 對 t 作圖，可得過原點的直線。先以這兩個階數，算出相關數值且列於表 3-4，一階作圖如圖 3-7 所示；二階作圖則如圖 3-8 所示。

▌表 3-4　例題 3-2 數據所算出的其他數據

t(min)	13	34	59	120
X_A(-)	0.112	0.257	0.367	0.552
$-\ln(1-X_A)$(-)	0.119	0.297	0.457	0.803
$\dfrac{X_A}{1-X_A}$(-)	0.126	0.346	0.580	1.232

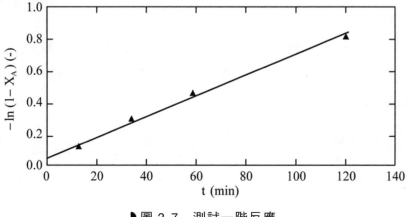

▶圖 3-7　測試一階反應

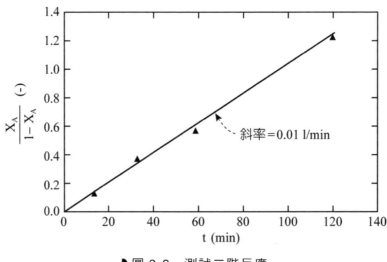

▶ 圖 3-8 　測試二階反應

圖 3-7 中的數據點雖然可以構成一直線，但是無法通過原點，因此本反應，非不可逆一階的形態；而由圖 3-8 可知數據點構成過原點的直線，因此本系統為不可逆二階形態。

$$-r_A = kC_A C_B \quad\text{.. (3-50)}$$

由式(3-49)知

$$斜率 = kC_{A0} \quad\text{.. (3-51)}$$

$$0.01 = k \times 0.1 \quad\text{.. (3-52)}$$

$$k = 0.1\,L/\,mol \cdot min \quad\text{... (3-53)}$$

反應速率式為

$$-r_A = 0.1C_A C_B \quad\text{... (3-54)}$$

▶ 3-2-1e 一階可逆反應(reversible first order reaction)

以前所討論到的反應，侷限於不可逆反應。事實上所有的反應都是可逆反應，只是在某些情況下正反應速率(rate of forward reaction)極大，而逆反應速率(rate of backward reaction)小到可以省略，亦即式(2-17)中 $K_c \gg 1$。如此我們可以把可逆反應看成不可逆反應。

一階可逆反應的例子有 α 及 β 葡萄糖的消旋反應(racemization)，還有以鎳為觸媒將鄰(ortho)氫轉化成對(para)氫之反應。

假設有一化學反應如下所示，其最初的濃度比為 $M = C_{C0}/C_{A0}$

$$A \underset{k_2}{\overset{k_1}{\rightleftharpoons}} C , \quad K_c = K = 平衡常數 \quad \text{.. (3-55)}$$

其速率方程式可寫成下列形式

$$\frac{dC_c}{dt} = -\frac{dC_A}{dt} = C_{A0}\frac{dX_A}{dt} = k_1 C_A - k_2 C_c$$

$$= k_1(C_{A0} - C_{A0}X_A) - k_2(C_{C0} + C_{C0}X_C)$$

$$= k_1(C_{A0} - C_{A0}X_A) - k_2(C_{A0}M + C_{A0}X_A) \quad \text{.......................... (3-56)}$$

當反應到達平衡狀態時，$dC_A/dt = 0$，平衡轉化率為 X_{Ae}。式(3-56)可寫成

$$K_C = \frac{k_1}{k_2} = \frac{C_{Ce}}{C_{Ae}} = \frac{M + X_{Ae}}{1 - X_{Ae}} \quad \text{... (3-57)}$$

$$k_2 = \frac{1 - X_{Ae}}{M + X_{Ae}}k_1 \quad \text{... (3-58)}$$

將之代入式(3-56)中，重組之可得

$$\frac{dX_A}{dt} = \frac{k_1(M+1)}{M + X_{Ae}}(X_{Ae} - X_A) \quad \text{... (3-59)}$$

最後積分可得

$$-\ln\left(1-\frac{X_A}{X_{Ae}}\right) = -\ln\frac{C_A - C_{Ae}}{C_{A0} - C_{Ae}} = \frac{M+1}{M+X_{Ae}}k_1 t \quad\cdots\cdots\cdots\cdots\cdots (3\text{-}60)$$

若以 $-\ln\left(1-\dfrac{X_A}{X_{Ae}}\right)$ 或 $-\ln\dfrac{C_A - C_{Ae}}{C_{A0} - C_{Ae}}$ 對 t 作圖可得一過原點，斜率為

$\dfrac{M+1}{M+X_{Ae}}k_1$ 之直線，其測試圖如圖 3-9 所示。

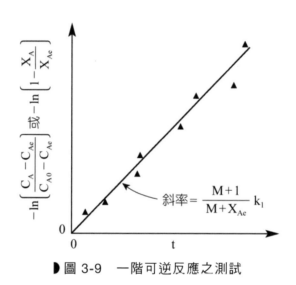

▶圖 3-9 一階可逆反應之測試

　　將式(3-60)和式(3-21)及式(3-22)比較，不難發現，一階不可逆反應是一階可逆反應在 $C_{Ae}=0$ 或 $X_{Ae}=1$ 情況下之特例。 $C_{Ae}=0$ 時 $K_c = \infty$，這和我們在本小節一開始時討論到的論點完全吻合。

🔒 例題 3-3

$$A \underset{\longleftarrow}{\overset{\longrightarrow}{\rule{0pt}{0pt}}} C \quad\cdots\cdots\cdots\cdots\cdots\cdots\cdots\cdots\cdots\cdots\cdots\cdots\cdots\cdots\cdots\cdots\cdots\cdots\cdots\cdots\cdots (3\text{-}61)$$

化學反應在批式反應器中進行，$t=0$ 時，A 和 C 的濃度分別為 $C_{A0}=1\,g\text{-}mol/L$，$C_{C0}=0.1\,g\text{-}mol/L$，反應過程中得到表 3-5 的數據

表 3-5　例題 3-3 的數據

t(min)	0	30	58	112	150	190	∞
$C_A(g\text{-}mol/L)$	1	0.6	0.4	0.25	0.22	0.21	0.20

　　因為 $t = \infty$ 的濃度是 $0.20\,g\text{-}mol/L$，我們知道它是可逆反應，試以積分作圖法，證明它是一階可逆反應，並求出它的速率式。

解：

　　如果是一階可逆反應時，由圖 3-9 知道必須以 $-\ln\left(\dfrac{C_A - C_{Ae}}{C_{A0} - C_{Ae}}\right)$ 對 t 作圖得到直線，其斜率為 $k_1 \dfrac{M+1}{M + X_{Ae}}$ 。

此處

$$C_{Ae} = 0.20\,g\text{-}mol/L \quad\text{...}(3\text{-}62)$$

$$C_{A0} = 1\,g\text{-}mol/L \quad\text{...}(3\text{-}63)$$

$$C_{Ae} = C_{A0}(1 - X_{Ae}) \quad\text{.......................................}(3\text{-}64)$$

$$0.20 = 1(1 - X_{Ae}) \quad\text{..}(3\text{-}65)$$

$$X_{Ae} = 0.8 \quad\text{...}(3\text{-}66)$$

$$M = \frac{C}{C_{Ae}} = \frac{0.1}{0} = 0.1 \quad\text{.......................................}(3\text{-}67)$$

不同時間的 $-\ln\dfrac{C_A - C_{Ae}}{C_{A0} - C_{Ae}}$ 值如表 3-6 所示。

　　以 $-\ln\dfrac{C_A - C_{Ae}}{C_{A0} - C_{Ae}}$ 對 t 作圖，可得圖 3-10。該圖得到一過原點的直線，因此，本反應為一階可逆反應。

▌表 3-6 例題 3-3 所算出的數據

t(min)	0	30	58	112	150	190
C_A (g-mol/L)	1	0.6	0.4	0.25	0.22	0.21
$-\ln\left(\dfrac{C_A - C_{Ae}}{C_{A0} - C_{Ae}}\right)$ (-)	0	0.693	1.386	2.773	3.688	4.382

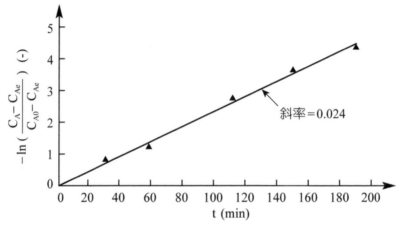

▶圖 3-10 例題 3-3 中一階可逆反應的測試

直線的斜率為 0.024,則

$$k_1 \frac{M+1}{M+X_{Ae}} = 0.024 \quad\text{..} (3\text{-}68)$$

$$k_1 \frac{0.1+1}{0.1+0.8} = 0.024 \quad\text{..} (3\text{-}69)$$

$$k_1 = 0.0196 \quad\text{...} (3\text{-}70)$$

由式(3-58)

$$k_2 = \frac{1-X_{Ae}}{M+X_{Ae}} k_1 \quad\text{..} (3\text{-}71)$$

$$k_2 = \frac{1-0.8}{0.1+0.8} \times 0.0196$$

$$= 0.00435 \quad\text{...} \quad (3\text{-}72)$$

因此速率式為

$$-r_A = 0.0196\,C_A - 0.00435\,C_C \quad\text{.................................} \quad (3\text{-}73)$$

🖝 3-2-1f　二階可逆反應
(reversible second order reaction)

甲基碘(methyl iodide)和甲基對二甲苯胺(dimethyl-p-toluidine)在硝基苯(nitrobenzene)溶液中反應形成四胺鹽(quaternary amonium salt)。

$$CH_3I + N\text{-}R \rightleftharpoons CH_3RN^+ + I^- \quad\text{...........................}\quad (3\text{-}74)$$

可看成二階可逆反應之例證。

　設二階可逆反應之方程式如下：

$$A + B \underset{k_2}{\overset{k_1}{\rightleftharpoons}} C + D \quad\text{..}\quad (3\text{-}75)$$

速率方程式為

$$-\frac{dC_B}{dt} = -\frac{dC_A}{dt} = k_1 C_A C_B - k_2 C_C C_D \quad\text{............................}\quad (3\text{-}76)$$

在任何時間 A、B、C 和 D 的濃度分別為

$$C_A = C_{A0} - C_{A0}X_A \quad\text{..}\quad (3\text{-}77)$$

$$C_B = C_{B0} - C_{A0}X_A \quad\text{..} \text{(3-78)}$$

$$C_C = C_{C0} + C_{A0}X_A \quad\text{..} \text{(3-79)}$$

$$C_D = C_{D0} + C_{A0}X_A \quad\text{..} \text{(3-80)}$$

將式(3-77)至式(3-80)代入式(3-76)，並以 k_1/K_c 代替 k_2，可得

$$C_{A0}\frac{dX_A}{dt} = k_1\Bigg[(C_{A0} - C_{A0}X_A)(C_{B0} - C_{A0}X_A) -$$

$$\frac{1}{K_c}(C_{C0} + C_{A0}X_A)(C_{C0} + C_{A0}X_A) \Bigg]$$

$$= \alpha + \beta C_{A0}X_A + \gamma C_{A0}^2 X_A^2 \quad\text{..} \text{(3-81)}$$

式中

$$\alpha = k_1\Bigg[C_{A0}C_{B0} + \frac{1}{K_C}C_{C0}C_{D0} \Bigg] \quad\text{..}\text{(3-82a)}$$

$$-\beta = k_1\Bigg[(C_{A0} + C_{B0}) + \frac{1}{K_c}(C_{C0} + C_{D0}) \Bigg] \quad\text{................................} \text{(3-82b)}$$

$$\gamma = k_2 - \frac{1}{K_c} \quad\text{..}\text{(3-82c)}$$

將式(3-81)積分可得

$$\ln\frac{[2\gamma C_{A0}X_A /(\beta - q^{1/2})] + 1}{[2\gamma C_{A0}X_A /(\beta + q^{1/2})] + 1} = q^{1/2}t \quad\text{..} \text{(3-83)}$$

其中　　$q = \beta^2 - 4\alpha\gamma \quad\text{..} \text{(3-84)}$

假設 $C_{A0} = C_{B0}$ 和 $C_{C0} = C_{D0} = 0$，則 K_c 可以反應平衡時之轉化率表示之。

$$K_c = \frac{k_1}{k_2} = \frac{C_{A0}^2 X_{Ae}^2}{(C_{A0} - C_{A0} X_{Ae})^2} \quad \cdots\cdots\cdots\cdots\cdots\cdots (3\text{-}85)$$

將假設之條件和式(3-85)代入式(3-83)可得簡單的式子如下：

$$\ln \frac{X_{Ae} - (2X_{Ae} - 1)X_A}{X_{Ae} - X_A} = 2k_1 \left(\frac{1}{X_{Ae}} - 1 \right) C_{A0} t \quad \cdots\cdots\cdots\cdots (3\text{-}86)$$

若以 $\ln \dfrac{X_{Ae} - (2X_{Ae} - 1)X_A}{X_{Ae} - X_A}$ 對 t 作圖可得一過原點，斜率為 $2k_1 \left(\dfrac{1}{X_{Ae}} - 1 \right) C_{A0}$

之直線如圖 3-11 所示。

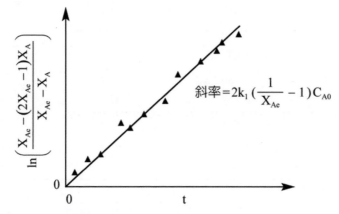

▶圖 3-11　二階可逆反應之測試，$C_{A0} = C_{B0}$，$C_{C0} = C_{D0} = 0$

🔒 例題 3-4

設一定容化學反應在 22.9°C 下進行：

$$A + B = C + D \quad\text{...} (3-87)$$

A 和 B 的初濃度分別為 $C_{A0} = 5.5\,g\text{-}mol/L$ 和 $C_{B0} = 5.5\,g\text{-}mol/L$ ，而 $C_{C0} = C_{D0} = 0$。假設已知此反應為基本反應，試由表 3-7 中的數據找出其反應速率式（即找出反應常數值後，代入式中）。

▌表 3-7　例題 3-4 的數據

時間 t(min)	濃度 C_B(g-mol/L)	時間 t(min)	濃度 C_B(g-mol/L)
0	5.500	180	3.445
41	4.910	194	3.345
48	4.810	212	3.275
55	4.685	267	3.070
75	4.380	318	2.925
96	4.125	368	2.850
127	3.845	379	2.825
146	3.620	410	2.790
162	3.595	∞	2.600

🔖 解：

假設此反應為基本反應，則其反應速率式為

$$-r_A = k_1 C_A C_B - k_2 C_C C_D \quad\text{...} (3-88)$$

因為 A、B、C 和 D 的化學計量數都相等，又 $C_{A0} = C_{B0} = 5.5\ \ g\text{-}mol/L$ 和 $C_{C0} = C_{D0} = 0$，我們可以利用式(3-89)（即式(3-86)）來解這個題目

$$\ln\left[\frac{X_{Ae} - (2X_{Ae} - 1)X_A}{X_{Ae} - X_A}\right] = 2k_1\left(\frac{1}{X_{Ae}} - 1\right)C_{A0}t \quad\text{..................} (3-89)$$

式中 X_A 的求法如下式

$$X_A = 1 - \frac{C_A}{C_{A0}} = 1 - \frac{C_B}{C_{B0}} \quad\text{... (3-90)}$$

我們以 $\ln\left[\dfrac{X_{Ae} - (2X_{Ae} - 1)X_A}{X_{Ae} - X_A}\right]$ 的值對 t 作圖，如果能得到過原點的直線時，則反應速率式應如式(3-88)所示。

我們先利用式(3-90)算出各時間點 X_A 的值，將其列於表 3-8 中。此表中，$t = \infty$ 的 X_A 值即為 X_{Ae}，$X_{Ae} = 0.53$，因此

$$\ln\left[\frac{X_{Ae} - (2X_{Ae} - 1)X_A}{X_{Ae} - X_A}\right] = \ln\left[\frac{0.53 - 0.06X_A}{0.53 - X_A}\right] \quad\text{.......................... (3-91)}$$

▌表 3-8　例題 3-4 所算出的數據

t(min)	C_B(g-mol/L)	C_B/C_{B_0}(-)	X_A(-)	t(min)	C_B(g-mol/L)	C_B/C_{B_0}(-)	X_A(-)
0	5.500	1	0	180	3.445	0.63	0.37
41	4.910	0.89	0.11	194	3.345	0.61	0.39
48	4.810	0.87	0.13	212	3.275	0.60	0.40
55	4.685	0.85	0.15	267	3.070	0.56	0.44
75	4.380	0.80	0.20	318	2.925	0.53	0.47
96	4.125	0.75	0.25	368	2.850	0.52	0.48
127	3.845	0.70	0.30	379	2.825	0.51	0.49
146	3.620	0.66	0.34	410	2.790	0.51	0.49
162	3.595	0.65	0.35	∞	2.600	0.47	0.53

接著我們將各時間點的 $\ln\left[\dfrac{0.53 - 0.06X_A}{0.53 - X_A}\right]$ 值算出來，並列於表 3-9 中。作圖則如圖 3-12 所示。

表 3-9　例題 3-4 所算出的數據

X_A	$0.06X_A$	$0.53-0.06X_A$	$0.53-X_A$	$\ln\left[\dfrac{0.53-0.06X_A}{0.53-X_A}\right]$
0	0	0.53	0.53	1
0.11	0.0066	0.5234	0.42	0.22
0.13	0.0078	0.5222	0.40	0.27
0.15	0.009	0.521	0.38	0.32
0.20	0.012	0.518	0.33	0.45
0.25	0.015	0.515	0.28	0.61
0.30	0.018	0.512	0.23	0.80
0.34	0.0204	0.5096	0.19	0.99
0.35	0.021	0.509	0.18	1.04
0.37	0.0222	0.5078	0.16	1.15
0.39	0.0234	0.5066	0.14	1.24
0.40	0.024	0.506	0.13	1.36
0.44	0.0264	0.5036	0.09	1.72
0.47	0.0282	0.5018	0.06	2.12
0.48	0.0288	0.5012	0.05	2.30
0.49	0.0294	0.5006	0.004	2.53
0.49	0.0294	0.5006	0.004	2.53
0.53	0.0318	0.4982	0.00	∞

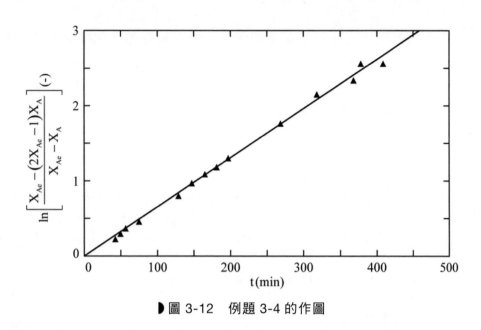

▶圖 3-12　例題 3-4 的作圖

　　由圖 3-12，我們發現所有的數據可構成一過原點的直線。其斜率為 0.0063。

$$2k_1\left(\frac{1}{X_{Ae}}-1\right)C_{A0}=0.0063 \quad\text{...}(3\text{-}92)$$

代入 X_{Ae} 和 C_{A0} 的值

$$2k_1\left(\frac{1}{0.53}-1\right)\times 5.5=0.0063 \quad\text{...}(3\text{-}93)$$

$$k_1=6.49\times10^{-4}\frac{L}{\text{min}\cdot\text{g-mol}}=1.08\times10^{-5}\frac{\text{m}^3}{\text{s}\cdot\text{kg-mol}} \quad\text{.....................}(3\text{-}94)$$

下面讓我們以在化學平衡時的關係，求出 k_2 的值。化學平衡時，下式成立

$$k_1 C_{Ae} C_{Be} = k_2 C_{Ce} C_{De} \quad\text{...} \quad (3\text{-}95)$$

在本題中

$$C_{Be} = C_{Ae} = C_{A0} - C_{A0} X_{Ae} \quad\text{..} \quad (3\text{-}96)$$

$$C_{Ce} = C_{De} = C_{A0} X_{Ae} \quad\text{..} \quad (3\text{-}97)$$

代式(3-96)和式(3-97)入式(3-95)後，重組之可得

$$k_2 = \frac{k_1 (1 - X_{Ae})^2}{X_{Ae}^2} \quad\text{..} \quad (3\text{-}98)$$

代入 k_1 和 X_{Ae} 的值可得

$$k_2 = \frac{0.000649 \times (1 - 0.53)^2}{0.53^2} \quad\text{...} \quad (3\text{-}99)$$

$$k_2 = 5.1 \times 10^{-4} \frac{L}{\text{min} \cdot \text{g-mol}} = 8.5 \times 10^{-6} \frac{\text{m}^3}{\text{s} \cdot \text{kg-mol}} \quad\text{....................} \quad (3\text{-}100)$$

因此反應速率式是

$$-r_A = 0.000649 C_A C_B - 0.00051 C_C C_D \frac{\text{g} \cdot \text{g-mol}}{\text{L} \cdot \text{min}} \quad\text{....................} \quad (3\text{-}101)$$

其中 C_A，C_B，C_C 和 C_D 的單位是 $\dfrac{\text{g-mol}}{\text{L}}$

為了方便讀者查閱起見，我們在表 3-10 中列出了幾個我們討論過基本反應的速率方程式，積分形式和半生期。

表 3-10　基本反應的速率方程式、積分形式和半生期

化學反應	階數	速率方程式	積分形式	半生期
			不可逆反應	
$A \to C$	0	$-\dfrac{dC_A}{dt} = k$	$C_{A0} - C_A = kt$, $t < \dfrac{C_{A0}}{k}$	$C_{A0}/2k$
$A \to C$	1	$-\dfrac{dC_A}{dt} = kC_A$	$-\ln C_A/C_{A0} = kt$	$(\ln 2)/k$
$A + A \to$ 生成物	2	$-\dfrac{dC_A}{dt} = kC_A^2$	$\dfrac{1}{C_A} - \dfrac{1}{C_{A0}} = kt$	$1/kC_{A0}$
$A + B \to$ 生成物	2	$-\dfrac{dC_A}{dt} = kC_A C_B$	$\ln\dfrac{C_B}{MC_A} = C_{A0}(M-1)kt$, $M \neq 1$ $\dfrac{C_{A0} - C_A}{C_A} = C_{A0}kt$, $M = 1$	$\dfrac{1}{kC_{A0}(M-1)}\ln\dfrac{2M-1}{M}$, $M \neq 1$ $1/kC_{A0}$, $M \neq 1$
			可逆反應	
$A \rightleftharpoons C$	1	$-\dfrac{dC_A}{dt}$ $= k_1 C_A - k_2 C_C$	$-\ln\dfrac{C_A - C_{Ae}}{C_{A0} - C_{Ae}} = \dfrac{M+1}{M + X_{Ae}}k_1 t$	$\dfrac{M + X_{Ae}}{(M+1)k_1}\ln\left(\dfrac{2X_{Ae}}{2X_{Ae} - 1}\right)$, $X_{Ae} > 0.5$
$A + B \rightleftharpoons C + D$	2	$-\dfrac{dC_A}{dt} = k_1 C_A C_B$ $- k_2 C_C C_D$	$\ln\dfrac{[2\gamma C_{A0}X_A/(\beta - q^{1/2})]+1}{[2\gamma C_{A0}X_A/(\beta + q^{1/2})]+1} = q^{1/2}t$	$\ln\dfrac{[\gamma C_{A0}X_A/(\beta - q^{1/2})]+1}{[\gamma C_{A0}X_A/(\beta + q^{1/2})]+1}/q^{1/2}$, $X_{Ae} > 0.5$

🔹 3-2-1g　自催化反應(auto-catalytic reactions)

　　有些化學反應的生成物，對化學反應本身有催化作用，此種反應稱為自催化反應。我們可以下面最簡單的基本反應來說明

$$A + R \rightarrow R + R \quad\text{...} (3\text{-}102)$$

上式中 R 既為生成物又為觸媒。生成物 A 的消失速率為

$$-r_A = \frac{dC_A}{dt} = kC_A C_R \quad\text{...} (3\text{-}103)$$

因為一個摩爾 A 的消失會造成一個摩爾 R 的生成，所以系統內 A 和 R 濃度的和不會改變。

$$C_A + C_R = C_{A0} + C_{R0} = C_0 = 常數 \quad\text{.......................................} (3\text{-}104)$$

$$C_R = C_0 - C_A \quad\text{...} (3\text{-}105)$$

代上式入式(3-103)可得

$$-\frac{dC_A}{dt} = kC_A(C_0 - C_A) \quad\text{.....................................} (3\text{-}106)$$

整理後得

$$-\frac{dC_A}{C_A(C_0 - C_A)} = k\, dt \quad\text{.......................................} (3\text{-}107)$$

將上式積分，t 由 t_0 積到 t，C_A 由 C_{A0} 積到 C_A，可得

$$\ln \frac{C_{A0}(C_0 - C_A)}{C_{A0}(C_0 - C_{A0})} = C_0 kt \quad\text{.................................} (3\text{-}108)$$

整理後可得

$$\ln\frac{C_{A0}C_R}{C_A C_{R0}}=C_0 kt \dotfill (3\text{-}109)$$

若令 $M=C_{R0}/C_{A0}$ 及 $C_A=C_{A0}(1-X_A)$，則式(3-108)亦可改寫成

$$\ln\frac{M+X_A}{M(1-X_A)}=C_0 kt \dotfill (3\text{-}110)$$

　　因此若要判斷化學反應是否為速率式(3-103)的自催化反應，可以 $\ln\dfrac{C_{A0}C_R}{C_A C_{R0}}$ 或 $\ln\dfrac{M+X_A}{M(1-X_A)}$ 對時間 t 作圖，看看數據是否會形成過原點的直線，即可知曉（如圖 3-13）。

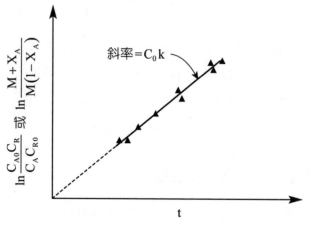

▶圖 3-13　自催化反應之測試

　　在此值得一提的是，反應速率的問題。由式(3-102)來看，整個反應要進行必須有 R 存在，因此反應前必須加入一些 R，使反應開始進行。反應開始進行後，R 的濃度增加，反應速率也增加。但反應末期由於 A 消耗很多，濃度下降，其反應速率也跟著趨近於零。反應速率在反應過程中的變化如圖 3-14 所示。

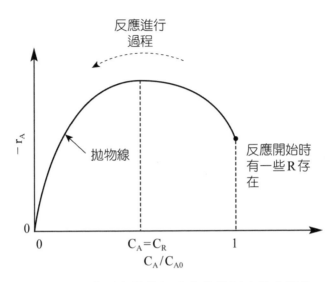

▶圖 3-14 典型自催化反應之化學反應速率變化

► 3-2-2 積分法──複雜反應(complex reactions)

所謂複雜反應是說，在同一相中有兩個或兩個以上的反應同時進行。本節中所要討論的情況有三種：並行不可逆反應(irreversible reactions in parallel)、匀相催化反應(homogeneous catalytic reactions)和串行不可逆反應(irreversible reactions in series)。

► 3-2-2a 並行不可逆反應

並行反應通常是，同樣的反應物生成兩種生成物，而此兩種生成物，有一種是希望得到的，另一種則是不希望得到的。例如：

$$CH_2CH_2 + \frac{1}{2}O_2 \rightarrow CH_2CH_2O \qquad （希望產物）................(3\text{-}111a)$$

$$CH_2CH_2 + 3O_2 \rightarrow 2CO_2 + 2H_2O \qquad （不希望產物）............(3\text{-}111b)$$

其中環氧乙烷(ethylene oxide, CH_2CH_2O) 為希望的生成物。二氧化碳和水則為不希望的生成物。

假設標準反應式如下：

$$A \xrightarrow{\ k_1\ } C \quad\text{...(3-112a)}$$

$$A \xrightarrow{\ k_2\ } D \quad\text{...(3-112b)}$$

三個組成的反應速率方程式如下所示：

$$-r_A = -\frac{dC_A}{dt} = k_1C_A + k_2C_A$$

$$= (k_1 + k_2)C_A \quad\text{..(3-113a)}$$

$$r_c = \frac{dC_C}{dt} = k_1C_A \quad\text{..(3-113b)}$$

$$r_D = \frac{dC_D}{dt} = k_2C_A \quad\text{..(3-113c)}$$

將式(3-113a)積分後可得

$$-\ln\frac{C_A}{C_{A0}} = (k_1 + k_2)t \quad\text{.. (3-114)}$$

以式(3-113c)除式(3-113b)可得

$$\frac{r_C}{r_D} = \frac{dC_C}{dC_D} = \frac{k_1}{k_2} \quad\text{... (3-115)}$$

積分之，得

$$\frac{C_C - C_{C0}}{C_D - C_{D0}} = \frac{k_1}{k_2} \quad\text{.. (3-116)}$$

或

$$C_C = \frac{k_1}{k_2}C_D + C_{C0} - \frac{k_1}{k_2}C_{D0} \quad\text{... (3-117)}$$

根據式(3-114)以 $-\ln C_A / C_{A0}$ 對 t 作圖，可得一過原點，斜率為 $(k_1 + k_2)$ 的直線。根據式(3-116)以 C_C 對 C_D 作圖可得一過 $(C_{D0}，C_{C0})$ 而斜率為 k_1 / k_2 的直線。其作圖法均示於圖 3-15 中。

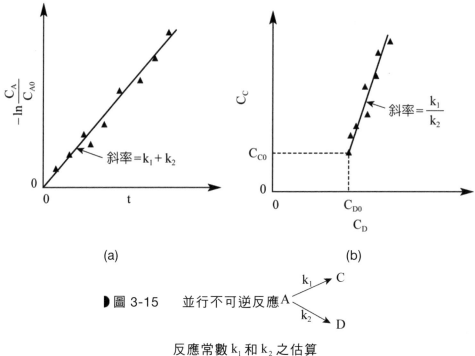

(a)   (b)

▶圖 3-15　並行不可逆反應 $A \begin{smallmatrix} k_1 \nearrow C \\ k_2 \searrow D \end{smallmatrix}$

反應常數 k_1 和 k_2 之估算

由圖 3-15(a)所得之斜率，$k_1 + k_2$ 和圖 3-15(b)所得之斜率 k_1 / k_2，可求出 k_1 和 k_2 之值。

在此必須提醒讀者注意的是：在此複雜反應中，一個反應物分子的消失，會產生一個生成物的分子，因此總分子量不變。亦即

$$C_A + C_C + D_D = 定值 = 初濃度和 \quad\text{....................................... (3-118)}$$

因此，在實驗過程中只須取得其中二者的濃度，第三者即可由式(3-118)算出。

如果我們假設 $C_{C0} = C_{D0} = 0$，而且 $k_1 > k_2$，則並行不可逆反應各成分濃度隨時間變化之概況，如圖 3-16 所示。

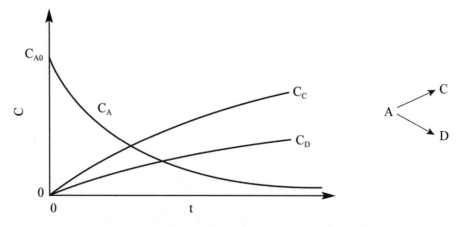

▌圖 3-16　並行不可逆反應之各成分濃度變化

▶ 3-2-2b　勻相催化反應 (homogeneous catalytic reactions)

假設有一反應，在有觸媒的情況下會進行，無觸媒存在的情形下也會進行，只是反應速率不一樣：

$$A \xrightarrow{k_1} C \quad\dotfill\quad (3\text{-}119a)$$

$$A + K \xrightarrow{k_2} C + K \quad\dotfill\quad (3\text{-}119b)$$

其中 K 代表觸媒，每個反應的速率式分別為

$$-\left(\frac{dC_A}{dt}\right)_1 = k_1 C_A \quad\dotfill\quad (3\text{-}120a)$$

$$-\left(\frac{dC_A}{dt}\right)_2 = k_2 C_A C_K \quad\text{...(3-120b)}$$

整體反應速率為

$$-\frac{dC_A}{dt} = k_1 C_A + k_2 C_A C_K = (k_1 + k_2 C_K)C_A \quad\text{.............................(3-121)}$$

式中 C_K（觸媒濃度）的值在反應過程中並未改變。因此，將式(3-121)積分可得

$$-\ln\frac{C_A}{C_{A0}} = -\ln(1 - X_A) = (k_1 + k_2 C_K)t$$

$$= k_{observed}\, t \quad\text{...(3-122)}$$

為求 k_1 和 k_2 的值，可先以 $-\ln(C_A/C_{A0})$ 對 t 作圖，得其斜率為 $k_{observed}$。不同的觸媒濃度可得不同之 $k_{observed}$。因此再以 $k_{observed}$ 對 C_K 作圖，所得直線之斜率即為 k_2，而其截距為 k_1（如圖 3-17）。

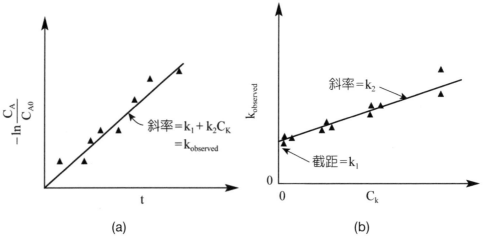

▶圖 3-17　勻相催化反應中反應常數 k_1 和 k_2 之估算

● 3-2-2c 串行不可逆反應

　　將 苯 (benzene) 氯 化 ， 可 得 氯 苯 (monochlorobenzene) 、 二 氯 苯 (dichlorobenzene)和三氯苯(trichlorobenzene)。

$$C_6H_6 + Cl_2 \xrightarrow{k_1} C_6H_5Cl + HCl \dots\dots\dots\dots (3\text{-}123a)$$

$$C_6H_5Cl_2 + Cl_2 \xrightarrow{k_2} C_6H_4Cl_2 + HCl \dots\dots\dots (3\text{-}123b)$$

$$C_6H_4Cl + Cl_2 \xrightarrow{k_3} C_6H_3Cl_3 + HCl \dots\dots\dots (3\text{-}123c)$$

諸如此類的反應可視為串行不可逆反應。

　　設反應式為

$$A \xrightarrow{k_1} C \xrightarrow{k_2} D \dots\dots\dots\dots\dots (3\text{-}124)$$

其三個成分的速率方程式為

$$r_A = \frac{dC_A}{dt} = -k_1 C_A \dots\dots\dots\dots\dots (3\text{-}125a)$$

$$r_C = \frac{dC_C}{dt} = k_1 C_A - k_2 C_C \dots\dots\dots (3\text{-}125b)$$

$$r_D = \frac{dC_D}{dt} = k_2 C_C \dots\dots\dots\dots (3\text{-}125c)$$

假設開始反應時全部為 A，其濃度為 C_{A0}，沒有 C 或 D，$C_{C0} = D_{D0} = 0$。 將式(3-125a)積分，可得

$$-\ln \frac{C_A}{C_{A0}} = k_1 t \qquad 或 \qquad C_A = C_{A0} e^{-k_1 t} \dots\dots\dots (3\text{-}126)$$

將式(3-126)代入式(3-125b)中可得

$$\frac{dC_C}{dt} + k_2 C_C = k_1 C_{A0} e^{-k_1 t}$$ .... (3-127)

將此一階微分方程式解之,並代入起始條件,$C_C = C_{C0} = 0$,可得到 C_C 和時間 t 之關係式。

$$C_C = C_{A0} k_1 \left(\frac{e^{-k_1 t}}{k_2 - k_1} + \frac{e^{-k_2 t}}{k_1 - k_2} \right)$$ .... (3-128)

因為在此反應中,整體之摩爾數不變

$$C_A + C_C + C_D = C_{A0} = 定值$$ .... (3-129)

我們可藉式(3-126)、式(3-128)和式(3-129)算出成分 D 之濃度

$$C_D = C_{A0} \left(1 + \frac{k_2}{k_1 - k_2} e^{-k_1 t} + \frac{k_1}{k_2 - k_1} e^{-k_2 t} \right)$$ .... (3-130)

成分 A、C 和 D 濃度對時間 t 之關係,可以圖 3-18 表示。

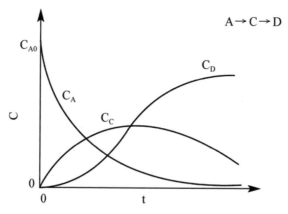

▶圖 3-18 串行不可逆反應之各成分濃度變化

　　圖 3-18 中 A 的濃度由 C_{A0} 開始下降。A 為反應物，而反應為不可逆，因此，時間無窮大時，A 的濃度為 0。C 之濃度則先上升後下降。這是因為反應初期由 A 生成 C 的速率，較由 C 生成 D 的速率為快。在 C 濃度達到某一程度後，C 生成 D 的速率反較 A 生成 C 的速率為大，則 C 濃度開始下降。D 為生成物，因此其濃度一直上升，在反應終了時 A 和 C 都不見了，只剩下 D 的存在。

🔒 **例題 3-5**

　　有一液態不可逆基本反應 $A \overset{k_1}{\underset{k_2}{\diagdown}} \begin{smallmatrix} R \\ S \end{smallmatrix}$ ， $C_{A0} = 1.5\,\text{g-mol/L}$ ，

$C_{R0} = C_{S0} = 0$ 在一批式反應器中進行。

(a) 當 A 之轉化率(conversion) $X_A = 0.5$ 時， $C_R = 0.5\,\text{g-mol/L}$ ，請問此時之 C_R/C_S 值為何？

(b) 求 $t \to \infty$ 時 C_R 、 C_S 及 C_R/C_S 之值各為何？

(c) 若在反應 20 分鐘後， $X_A = 0.75$ ，求反應速率常數 k_1 及 k_2 值。

📖 **解：**

$$A \xrightarrow{k_1} R \quad\text{...(3-131a)}$$

$$A \xrightarrow{k_2} S \quad\text{... (3-131b)}$$

(a) 因為

$$C_A + C_R + C_S = C_{A0} + C_{R0} + C_{S0} = 定值 \quad\text{.................................. (3-132)}$$

　　又

$$C_{R0} = C_{S0} = 0 ， C_{A0} = 1.5\,\text{g-mol/L} \quad\text{...................................... (3-133)}$$

所以

$$C_A + C_R + C_S = C_{A0} = 1.5 \, g\text{-}mol/L \quad\text{.......................................} \quad (3\text{-}134)$$

當　$X_A = 0.5$ 時

$$C_A = C_{A0}(1 - X_A) = 0.75 \, g\text{-}mol/L \quad\text{.......................................} \quad (3\text{-}135)$$

$$C_S = C_{A0} - C_A - C_R$$

$$= 1.5 - 0.75 - 0.5 = 0.25 \, g\text{-}mol/L \quad\text{.......................................} \quad (3\text{-}136)$$

所以

$$\frac{C_R}{C_S} = \frac{0.5}{0.25} = 2 \quad\text{.......................................} \quad (3\text{-}137)$$

(b) 因為反應式(3-131a)和反應式(3-131b)都是基本反應，它們的反應速率式是

$$\frac{dC_R}{dt} = k_1 C_A \quad\text{.......................................} \quad (3\text{-}138a)$$

$$\frac{dC_S}{dt} = k_2 C_A \quad\text{.......................................} \quad (3\text{-}138b)$$

以式(3-138b)除式(3-138a)得

$$\frac{dC_R}{dC_S} = \frac{k_1}{k_2} \quad\text{.......................................} \quad (3\text{-}139)$$

積分後得到

$$\frac{C_R - C_{R0}}{C_S - C_{S0}} = \frac{k_1}{k_2} \quad\text{.......................................} \quad (3\text{-}140)$$

因為

$$C_{R0} = C_{S0} = 0 \quad\text{...} (3\text{-}141)$$

所以

$$\frac{C_R}{C_S} = \frac{k_1}{k_2} \quad\text{...} (3\text{-}142)$$

由(a)知道，當 $X_A = 0.5$ 時

$$\frac{C_R}{C_S} = \frac{k_1}{k_2} = 2 \quad\text{...} (3\text{-}143)$$

此 C_R / C_S 值不隨時間改變，永遠是 2。因為反應為不可逆，當 $t \to \infty$ 時，$C_A = 0$。由式(3-134)知

$$C_R + C_S = 1.5 \quad\text{...} (3\text{-}144)$$

將式(3-143)和式(3-144)聯立解之，得

$$C_R = 1.0 \text{ g-mol} / L = 1.0 \text{ kg-mol} / m^3 \quad\text{.................................} (3\text{-}145)$$

$$C_R = 0.5 \text{ g-mol} / L = 0.5 \text{ kg-mol} / m^3 \quad\text{.................................} (3\text{-}146)$$

此時之 C_R / C_S 值仍為 2。

(c) 反應物 A 的消失速率為

$$-\frac{dC_A}{dt} = (k_1 + k_2)C_A \quad\text{...} (3\text{-}147)$$

將式(3-148)代入式(3-147)

$$C_A = C_{A0}(1 - X_A) \quad\text{...} (3\text{-}148)$$

可得

$$\frac{dX_A}{dt} = (k_1 + k_2)(1 - X_A) \quad \text{..} \quad (3\text{-}149)$$

將式(3-149)積分可得

$$-\ln(1 - X_A) = (k_1 + k_2)t \quad \text{......................................} \quad (3\text{-}150)$$

代 $X_A = 0.75$，$t = 20$ 入上式可得

$$k_1 + k_2 = \frac{-\ln(1 - 0.75)}{20} = 0.0693 \ 1/\min \quad \text{..........................} \quad (3\text{-}151)$$

但由(b)知

$$\frac{k_1}{k_2} = 2 \quad \text{..} \quad (3\text{-}152)$$

將式(3-151)和式(3-152)聯立解之，可得

$$k_1 = 0.0462 \ 1/\min = 7.7 \times 10^{-4} \ 1/s \quad \text{...........................} \quad (3\text{-}153)$$

$$k_2 = 0.0231 \ 1/\min = 3.85 \times 10^{-4} \ 1/s \quad \text{.........................} \quad (3\text{-}154)$$

🔊 3-2-3 微分法

積分法所談到的速率方程式可寫成

$$-r_A = -\frac{dC_A}{dt} = f'(k, C_A) \quad \text{......................................} \quad (3\text{-}155)$$

有時 $f'(k, C_A)$ 可寫成

$$f'(k, C_A) = kf(C_A) \text{ .... (3-156)}$$

則式(3-155)可改寫成

$$-r_A = \frac{dC_A}{dt} = kf(C_A) \text{ .... (3-157)}$$

　　不能寫成式(3-157)形式的情況將在稍後討論，先討論式(3-157)的情況。

　　以微分法分析數據的步驟如下：

1. 假設一個反應機構。亦即寫出 $f(C_A)$ 的形式。

2. 由實驗找出濃度和時間關係的數據，並以濃度對時間作圖。

3. 畫一條最適合這些數據的平滑曲線。

4. 在某些濃度，找出該點的斜率。

$$斜率 = \frac{dC_A}{dt} = -r_A \text{ .... (3-158)}$$

5. 算出每個濃度的 $f(C_A)$ 的值。

6. 以 $-(dC_A / dt)$ 對 $f(C_A)$ 作圖，若能得到一過原點的直線，則表示以前假設的 $f(C_A)$ 是正確的。若未能得一過原點的直線，則須重新假設 $f(C_A)$ 的形式，重頭做起，直到合乎要求為止。

圖 3-19 中的兩個圖，表示出上面提到的兩個作圖方法。

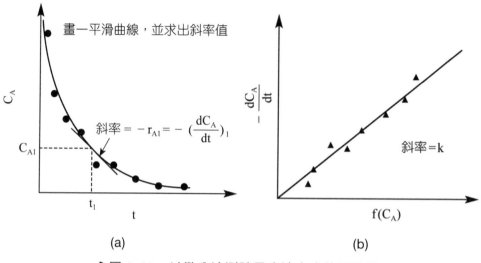

畫一平滑曲線，並求出斜率值

C_A

$斜率 = -r_{A1} = -(\dfrac{dC_A}{dt})_1$

C_{A1}

t_1

t

(a)

$-\dfrac{dC_A}{dt}$

斜率＝k

$f(C_A)$

(b)

▶ 圖 3-19　以微分法測試反應速率式的兩張圖

　　若速率方程式不能以式(3-157)形式表示，則測試法稍有不同。今舉式(3-159)的形態說明之：

$$-r_A = -\frac{dC_A}{dt} = \frac{k_1 C_A}{1 + k_2 C_A} \quad\text{...} (3\text{-}159)$$

前面所提到的步驟 6 並不適用於此種速率方程式。因此，我們須另求其他的作圖方法。將式(3-159)整個倒置，可得

$$\frac{1}{-r_A} = \frac{1}{k_1}\frac{1}{C_A} + \frac{k_2}{k_1} \quad\text{...} (3\text{-}160)$$

將式(3-160)乘 $k_1(-r_A)/k_2$，並移項可得

$$-r_A = \frac{k_1}{k_2} - \frac{1}{k_2}\frac{-r_A}{C_A} \quad\text{...} (3\text{-}161)$$

我們可根據式(3-160)以 $1/(-r_A)$ 對 $1/C_A$ 作圖，得一直線，其斜率為 $\dfrac{1}{k_1}$ 而截距為 k_2/k_1。若根據式(3-161)以 $(-r_A)$ 對 $-r_A/C_A$ 作圖，得斜率為 $-1/k_2$，截距為 k_1/k_2 的直線。圖 3-20 清楚的表示出這兩種作圖方法。至於此兩種方法何者為佳，則全賴數據的值而定。

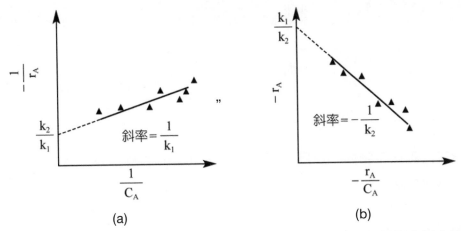

(a)　　　　　　　　(b)

▶圖 3-20　以微分法測試 $-r_A = k_1 C_A /(1+k_2 C_A)$ 速率方程式的兩種作圖方法

　　討論過積分法和微分法後，讀者必已知其利弊。一般說來，我們比較少用微分法，因為求斜率值所產生的誤差很大。

🔒 **例題 3-6**

　　將三甲基胺(trimethylamine)和正丙基溴(n-propyl bromide)在 139.4°C 下起液相反應，生成物四胺鹽(quaternary amonium salt)後會完全離子化：

$$N(CH_3)_3 + CH_3CH_2CH_2Br \rightarrow (CH_3)_3(CH_2CH_2CH_3)N^+ + Br^- \quad ...\ (3\text{-}162)$$

我們可將上式寫成下面的簡單式子

$$T + P \longrightarrow Q + B \quad ....\ (3\text{-}163)$$

假設最初溶於苯的三甲基胺及正丙基溴濃度都是 0.1 g-mol/L，即 $C_{T_0} = C_{P_0} = 0.1\,g\text{-}mol/L$，而得到的轉化率和時間的關係如表 3-11 所示（轉化率由溴離子之滴定而得）：

▌表 3-11　例題 3-6 的數據

時間，t(min)	轉化率，X_T (–)
13	0.112
34	0.257
59	0.367
120	0.552

假設在此數據範圍內，反應為不可逆，試以積分法及微分法決定此反應為一階或二階。

🔲 解：

由於反應物及生成物的濃度都小，且反應在常溫下進行，我們可假設為定容反應。若以 C_T 代表三甲基胺的濃度，C_P 代表正丙基溴的濃度，則一階和二階反應的速率方程式可分別寫成

$$\textbf{一階}\quad -r_T = -\frac{dC_T}{dt} = k_1 C_T \quad\text{..(3-164)}$$

$$\textbf{二階}\quad -r_T = -\frac{dC_T}{dt} = k_2 C_T C_P \quad\text{...(3-165)}$$

因三甲基胺和正丙基溴的化學計量數相等，又其初濃度相等，所以 $C_T = C_P$，式(3-165)可改寫成

$$r_T = -\frac{dC_T}{dt} = k_2 C_T^2 \quad\text{...(3-166)}$$

A. 積分法

若是一階不可逆反應，則以 $-\ln(1-X_T)$ 對 t 作圖，直線斜率為 k_1。若是二階反應，則以 $X_T/(1-X_T)$ 對 t 作圖，直線斜率為 $C_{T0}k_2$。所作之圖如圖 3-21 所示。圖 3-21(a)之直線無法過原點，欲過原點，則 $t=120$ 之點無法落入直線內，因此，反應並非一階不可逆反應。圖 3-21(b)顯示，由數據所得的四點可構成一過原點的直線，因此本反應為二階不可逆反應，由圖 3-21(b)所得的斜率為

$$C_{T0}k_2 = 1.67 \times 10^{-4} \, 1/s \dotfill (3\text{-}167)$$

$C_{T0} = 0.1 \, \text{g-mol/L}$，因此 $k_2 = 1.67 \times 10^{-3} \, \text{L/g-mol} \cdot s$。

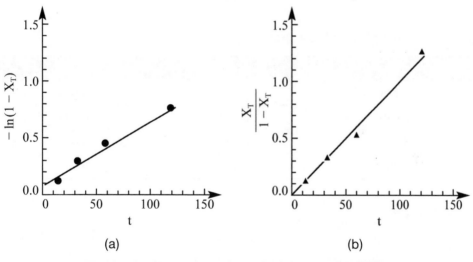

(a)   (b)

▌圖 3-21　例題 3-6 的一階反應測試和二階反應測試

B. 微分法

式(3-164)和式(3-166)可寫成對數形式如下：

$$\ln(-r_T) = \ln k_1 + \ln C_T \dotfill (3\text{-}168)$$

$$\ln(-r_T) = \ln k_2 + 2\ln C_T \dotfill (3\text{-}169)$$

我們可以 $\ln(-r_T)$ 對 $\ln C_T$ 作圖，求其直線斜率。若反應為一階的，則斜率為 1.0；若為二階反應，則其斜率為 2.0。

本題題目所給的是轉化率 X_T，而我們所需要的是濃度 C_T。其關係如下：

$$C_T = C_{T0}(1 - X_T) \quad\text{.. (3-170)}$$

我們可根據式(3-170)將 X_T 的值，換算成 C_T 的值，並將它們列於表 3-12 中。將 C_T 和 t 的關係畫於圖 3-22 中。我們可就所得到數據畫出一平滑曲線。然後，根據此曲線求得當 C_T 值為 0.05，0.06，0.07，0.08 和 0.09 時的 $-r_A$ 值 $\left(-r_A = -\dfrac{dC_T}{dt}\right)$，再對 C_T 和 $-\dfrac{dC_T}{dt}$ 取對數，將之列於表 3-13 中。

▌表 3-12　由例題 3-6 數據算出的 C_T 值

t(s)	X_T (-)	C_T g-mol/L
780	0.112	0.089
2,040	0.257	0.074
3,540	0.367	0.063
7,200	0.552	0.045

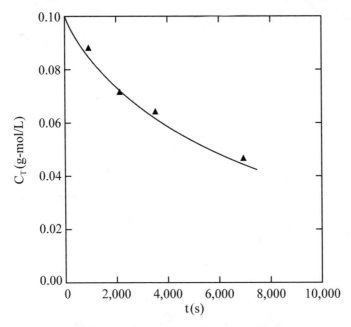

▶圖 3-22　T 濃度 C_T 對時間 t 作圖

▌表 3-13　由例題 3-6 數據算出的其他數據

C_T (g-mol/L)	$-\dfrac{dC_T}{dt}$ (g-mol/(L·s))	$\ln C_T$ (-)	$\ln\left(\dfrac{-dC_T}{dt}\right)$ (-)
0.05	0.38×10^{-5}	-2.995	-12.48
0.06	0.57×10^{-5}	-2.813	-12.08
0.07	0.76×10^{-5}	-2.659	-11.79
0.08	0.96×10^{-5}	-2.526	-11.55
0.09	1.23×10^{-5}	-2.408	-11.31

　　以 $\ln(-dC_T/dt)$ 的值對 $\ln C_T$ 作圖，可以得到圖 3-23。通過各點數據的直線，其斜率值為 2。因此此反應是二階的。

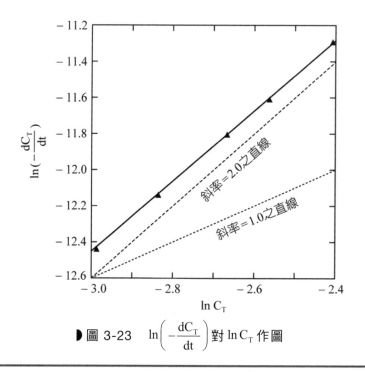

▶ 圖 3-23　$\ln\left(-\dfrac{dC_T}{dt}\right)$ 對 $\ln C_T$ 作圖

● 3-3　反應速率和溫度的關係

以上單元所討論的是，各反應速率和成分濃度的關係。除此之外，一個重要的關係是，反應速率和溫度的關係。

在第二章中，我們提到溫度的升高會使反應常數 k 值加大，進而提高反應速率。而反應常數和溫度的關係可以阿瑞尼式定律表示。

$$k = k_0 e^{-E/R_g T} \dots\dots\dots\dots\dots\dots\dots\dots\dots\dots\dots\dots\dots\dots\dots\dots\dots\dots\dots (3\text{-}171)$$

因此，若以 $\ln k$ 對 $1/T$ 作圖可得一直線，其斜率為 $-E/R_g$。所以，做實驗時須在不同溫度下求取不同 k 值，然後作圖。由斜率得到活化能 E 的值（如第二章之圖 2-2）。如所得 E 的值愈大，則表示反應本身對溫度變化愈敏感，反之則愈遲鈍。

綜合以上所述，我們不難發現求出反應速率與濃度及溫度的關係後，則該反應的速率方程式

$$-r_A = f(k, C) \quad\text{...} \quad (3\text{-}172)$$

即可知曉。

● 3-4　重點回顧

在這一章裡面，我們介紹了如何利用由批式反應器得到的濃度和時間關係，找尋化學反應階數和反應速率常數值的兩個方法（積分法和微分法）。因為微分法必須量取濃度曲線之斜率，容易造成誤差，若非積分法不適用時，我們不會輕易使用微分法。

習題 ● ● ●

1. 假設液體 A 的分解，為一階反應。達到轉化率為 0.4 的時間為八分鐘，求達到 0.85 轉化率需要多少時間？若非一階反應，而為二階反應時又如何？

2. 某一化學反應在十五分鐘內有百分之八十五反應掉。由實驗數據得知此反應為 1/2 階反應。試求在三十五鐘內有多少反應物反應掉？

3. 試由第三章課文中式(3-30)及(3-31)求式(3-32)、式(3-33)和式(3-35)。

4. 有一不可逆二階的化學反應，其方程式為

$$aA+bB \rightarrow 生成物 \quad\text{.. (3-173)}$$

A 和 B 的最初濃度關係為 $C_{B0} = \dfrac{b}{a}C_{A0}$。求其半生期為何？

5. 在一批式反應器內，其最初反應物濃度為 $C_{A0} = 1 \text{ g-mol/L}$。十分鐘後有 70%反應掉。二十分鐘時，轉化率為 0.823。試求其反應階數為何？

6. N_2O分解時的主要反應為 $N_2O \rightarrow N_2 + \dfrac{1}{2}O_2$，其反應速率式為

$$-r_{N_2O} = \frac{k_1 C_{N_2O}^2}{1 + k_2 C_{N_2O}} \quad\text{... (3-174)}$$

(1) 當 N_2O濃度很高時，此反應趨近於幾階的反應？

(2) 當 N_2O濃度很低時，此反應趨近於幾階的反應？

7. 一液態基本反應 $A \rightleftharpoons R$，$C_{A0} = 2 \text{ g-mol/L}$，$C_{R0} = 0$，在一批式反應器中進行，4 分鐘後，A 之轉化率為 0.32；而 4 天後，其轉化率則為 0.8。求此反應之反應速率式（請註明速率常數之單位）。

8. 考慮下列液相不可逆反應：$A + B \xrightarrow{k} R$，此反應為一非基本反應，其反應速率可以式(3-175)表示：

$$-r_A = kC_A^{1/2}C_B^{1/2} \quad \text{...} (3\text{-}175)$$

試設計一實驗來求它的動力學數據。說明實驗的條件：用何種反應器？進料條件或最初條件如何？應記錄那些數據？如何測試才能知道速率表示式與實驗數據是否相符合？以及如何求出速率常數 k 的值？

9. 某生做一實驗知 A 為反應物，C 為生成物。反應開始時，A 和 C 的濃度分別為 $C_{A0} = 0.5\,g\text{-}mol/L$，$C_{C0} = 0.0\,g\text{-}mol/L$，實驗係在一批式攪拌反應器內進行。實驗過程所得的數據如表 3-14 所示。試問此反應為不可逆零階反應、不可逆一階反應、不可逆二階反應或可逆一階反應？確定反應形態後，請代某生求取反應速率常數的值。

▌表 3-14　習題 9 的數據

時間，t(s)	A 濃度，$C_A(g\text{-}mol/L)$
0	0.500
10	0.488
50	0.447
200	0.329
500	0.208
1,000	0.146
3,000	0.130
10,000	0.130

10. A 和 B 的化學反應如下：

$$A + B \longrightarrow C + D \dots \dots \dots (3\text{-}176)$$

假設它在定溫批式反應器中進行，得到表 3-15 的實驗數據：$t = 0$ 時，$C_{A0} = C_{B0} = 0.1\,g\text{-}mol/L$

▌表 3-15　習題 10 的數據

時間 t(min)	轉化率 X_A(-)
13	0.112
34	0.257
59	0.367
120	0.552

如果反應是不可逆的，請以積分法繪圖測試，看看這個反應是一階的或二階的，並寫出它的反應速率式。

11. 有一串行液相反應，不管正向或反向，其反應階數均為一階：

$$A \underset{k_1'}{\overset{k_1}{\rightleftharpoons}} C \underset{k_2'}{\overset{k_2}{\rightleftharpoons}} D \dots \dots \dots (3\text{-}177)$$

已知數據如下：

$$k_1 = 1 \times 10^{-3}\ 1/min \dots \dots \dots (3\text{-}178)$$

$$k_2 = 1 \times 10^{-2}\ 1/min \dots \dots \dots (3\text{-}179)$$

$$k_1' = 0.8\ 1/min \dots \dots \dots (3\text{-}180)$$

$$k_2' = 0.8\ 1/min \dots \dots \dots (3\text{-}181)$$

$$C_{A0} = 1.0\,g\text{-}mol/L \dots \dots \dots (3\text{-}182)$$

試繪出濃度 C_A 和時間 t 的關係(0～1,000min)。

12. 有一一階可逆反應，$k_1 = 1.5 \times 10^{-3} \, 1/s$，$k_2 = 3.0 \times 10^{-3} \, 1/s$，其平衡轉化率為 0.4。而且，在開始反應時無生成物存在，求其半生期的值。反應方程式為 $A \rightleftharpoons C$。

13. 設有一串行反應如下：

$$A \xrightarrow{\ k_1\ } C \xrightarrow{\ k_2\ } D \ , \quad k_1 = 2k_2 \ \ \dotfill \ (3\text{-}183)$$

何時可達中間產品 C 的最高濃度 C_{Cmax}？C_{Cmax} 的表示式若何？

14. 有一化學反應 A→Products，其速率式為 $-r_A = \dfrac{k_1 C_A}{k_2 + C_A}$，$C_A$ 及 t 之單位分別為 $g\text{-}mol/L$ 及 min。若此反應在批式反應器中進行，並在不同時間時，測得反應器中樣品 A 的濃度 C_A，請說明如何利用這些實驗數據，測試此速率式是否與數據相符合。若相符，則又如何定出 k_1 及 k_2 的值來，請就(i)積分法及(ii)微分法，分別畫略圖說明之。

15. 酶／受質 (Enzyme-substrate) 反應 $A \xrightarrow{\ \text{酶}\ } R$ 可由米克里－孟騰 (Michaelis-Menten) 機構來解釋。其速率式為

$$-r_A = \dfrac{k_1 E_0 C_A}{k_2 + C_A} \ \ \dotfill \ (3\text{-}184)$$

式中 E_0 為放入混合物中之酶濃度，k_1 及 k_2 為米克里－孟騰常數，請分別說明如何利用(a)積分法及(b)微分法來測試此反應速率方程式是否與實驗數據相符。說明應包括(i)需要何種實驗數據(ii)如何測試 (test)(iii)若相符，如何求出常數 k_1 及 k_2 的值。

16. 若 $A + B \rightleftharpoons R$ 為液相基本反應,且在一批式反應器中進行。假設在 $t = 0$ 時,$C_{A0} = C_{B0} = 1$ g-mol/L,$C_{R0} = 0$ g-mol/L。請繪 C_A、C_B、C_R、C_t 對 t 之曲線,並註明當 $t \to \infty$ 時 C_A、C_B、C_R 及 C_t 之值,假設此反應為

    (1) 不可逆反應

    (2) 可逆反應

    註:$C_t = C_A + C_B + C_R$

17. 糠醛(Furfural)在 1 % H_2SO_4 中,160°C 下分解得到表 3-16 的數據,試找出適當的反應速率式,並求出 3.5h 時的轉化率為若干?試討論此反應有何特別的地方。

▌表 3-16　習題 17 的數據

時間(h)	0	0.5	1.0	1.5	2.0	2.5
剩下未分解的糠醛(g/100mL)	2	1.95	1.87	1.79	1.74	1.69

18. 液態基本反應 $A \xrightarrow{k_1} R \xrightarrow{k_2} S$,$C_{A0} = 1$ g-mol/L,$C_{R0} = C_{S0} = 0$,在一等溫的批式反應器中進行

    (1) 在溫度為 47°C 下,反應 10 min 後,$C_A = C_R = 0.368$ g-mol/L,而此時 R 的濃度為最大,求反應速率常數 k_1 及 k_2 值。

    (2) 若反應溫度為 67°C,則在 2.5 min 後 $C_A = 0.368$ g-mol/L。請問 k_1 及 $A \xrightarrow{k_1} R$ 反應之活化能(activation energy)E_1 之值各為何?

    (3) 若反應溫度為 87°C,且 $R \xrightarrow{k_2} S$ 反應之活化能 E_2 與 $A \xrightarrow{k_1} R$ 之活化能 E_1 相等,請問何時 R 之濃度為最大?該 $C_{R,max}$ 值為何?並求出此時之 X_A 及 C_S 值。

19. 考慮一液相自催化反應(autocatalytic reaction)

$$A + R \to R + R \text{，} \quad -r_A = kC_A C_R \quad\text{.. (3-185)}$$

假設初始條件（當 $t = 0$ 時）為

(1) $C_{A0} = 2\,g\text{-}mol/L$ ，$C_{R0} = 0\,g\text{-}mol/L$

(2) $C_{A0} = 1.99\,g\text{-}mol/L$ ，$C_{R0} = 0.01\,g\text{-}mol/L$

請求出 $t \to \infty$ 時之 C_A 及 C_R 值。

參考
文獻

1. Aris, R, "Elementary Chemical Reactor Analysis" (1967).

2. Carberry, J.J., "Chemical and Catalytic Reaction Engineering" (1976).

3. Coulson, J.M. and J,F. Richardson, "Chemical Engineering" Vol.III (1971).

4. Fogler, H.S. "Elements of Chemical Reaction Engineering" 2nd Ed. (1992).

5. Frost, A.A, and R.G. Pearson, "Kinetics and Mechanism" 2nd Ed. (1961).

6. Holland, C.D. and R.G. Anthony, "Fundamentals of Chemical Reaction Engineering" (1979).

7. Hougen, O.A. and K.M. Watson, "Chemical Process Principles, Part III Kinetics and Catalysis" (1973).

8. Levenspiel, O., "Chemical Reaction Engineering", 2nd Ed. (1972).

9. Smith, J.M., "Chemical Engineering Kinetics", 2nd Ed. (1970).

CH 04 理想反應器

4-1　概　述

在上一章中所討論的是化學動力學，也就是預測某個反應在某個溫度和某個濃度下其反應速率的方法。

反應物和生成物都必須盛放在某一個反應器中。而在反應器中不同時間和不同地點其溫度和濃度都會變化。所以，在反應器中之反應速率並非處處相同，時時一樣。溫度的變化隨著反應熱，加熱或散熱方法及攪拌方式而改變。反應器之幾何形狀和攪拌狀況都會影響組成濃度之分布，進而改變整體之反應速率。

在本章中，我們將介紹幾種理想反應器、偏離理想反應器之行為和反應器之機械特徵。

4-2　理想反應器的質能均衡

我們可以在反應器內的任何地點取一體積元素(element of volume)對它做質量均衡。而做質量均衡時，可以反應物之成分為對象或以生成物成分為對象。若以反應物之組成為對象時，平衡式子可寫成：

$$\begin{bmatrix} 體積元素內， \\ 反應物質量之 \\ 累積率 \end{bmatrix} = \begin{bmatrix} 體積元素 \\ 內，反應 \\ 物進料率 \end{bmatrix} - \begin{bmatrix} 體積元素 \\ 內，反應 \\ 物出料率 \end{bmatrix} - \begin{bmatrix} 體積元素內，反 \\ 應物由於化學反 \\ 應之消失率 \end{bmatrix}$$

.... (4-1)

若以生成物為對象取均衡時，最後一項之符號應為正的。而其內容應是：體積元素內生成物由於化學反應所生之增加率。

像質量均衡一樣，我們可以對體積元素做能量均衡，其式子如下：

$$
\begin{bmatrix} 體積元素 \\ 內，熱量 \\ 之累積率 \end{bmatrix} = \begin{bmatrix} 體積元素內， \\ 因入料帶入之 \\ 能量速率 \end{bmatrix} - \begin{bmatrix} 體積元素內， \\ 因出料帶出之 \\ 能量速率 \end{bmatrix} +
$$

$$
\begin{bmatrix} 體積元素內， \\ 因化學反應熱 \\ 量之增加率 \end{bmatrix} + \begin{bmatrix} 體積元素內， \\ 因外界供給熱 \\ 量之增加率 \end{bmatrix} \quad\text{...................(4-2)}
$$

若為放熱反應，最後第二項之符號為正號。若為吸熱反應，則為負號。在反應器內通常裝有加熱器或冷卻器。若外界加熱時，最後一項為正號，若外界冷卻時，為負號。

在第一章裡，我們已說過：反應器依其進料及出料方式可分為批式(batch)和連續式(continuous)兩種。至於介於此二者中間的呢？我們稱它為半批式(semibatch)。圖 4-1 中把三種典型的反應器都繪了出來。半批式反應器稍為複雜，本書中不擬討論。

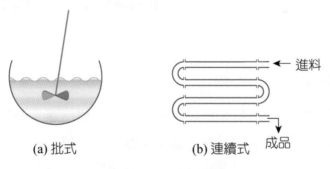

(a) 批式　　　(b) 連續式

▶圖 4-1　理想反應器

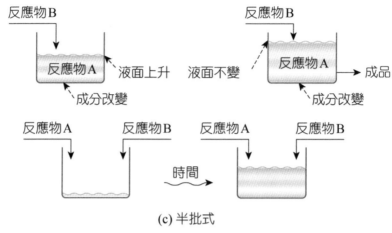

(c) 半批式

▶圖 4-1　理想反應器（續）

　　若將連續式反應器依其形狀來分，又可得兩種類型：(a)連續攪拌槽反應器(continuous stirred tank reactor)，常簡稱為 CSTR，和(b)塞流反應器(plug flow reactor)，簡稱 PFR。

　　下面我們要對(1)批式反應器(2)連續攪拌槽反應器和(3)塞流反應器等三種反應器做質量均衡和能量均衡。由此，我們可以得到描述反應器行為的設計方程式。這些方程式是我們將來設計反應器時最基本的式子。

4-2-1　批式反應器

　　在批式反應器中進行化學反應的作法是，將反應物倒入一含有攪拌器的反應器中，使其開始反應。當反應達到某一轉化率時，才將混合物取出，停止反應。攪拌器會使反應器內的濃度均勻分布。若對反應器做反應物 A 的質量均衡，可得

$$\begin{bmatrix} 反應器內， \\ 反應物\,A\,質 \\ 量之累積率 \end{bmatrix} = 0 - 0 - \begin{bmatrix} 反應器內，反應 \\ 物\,A\,由於化學反 \\ 應之消失率 \end{bmatrix} \quad\text{...........................(4-3)}$$

$$\frac{dN_A}{dt} = -(-r_A)V \quad\text{(4-4)}$$

$$\frac{dN_A}{dt} = \frac{d[N_{A0}(1-X_A)]}{dt} = -N_{A0}\frac{dX_A}{dt} \quad\text{(4-5)}$$

$$N_{A0}\frac{dX_A}{dt} = r_A V \quad\text{(4-6)}$$

積分之，t 由 0 積至 t，X_A 由 0 積到 X_A

$$t = N_{A0}\int_0^{X_A}\frac{dX_A}{(-r_A)V} \quad\text{(4-7)}$$

此式可適用於等溫或非等溫的情況。若本系統是定容反應，可將 V 提出積分符號之外，而將式(4-7)改寫成

$$t = C_{A0}\int_0^{X_A}\frac{dX_A}{-r_A} = -\int_{C_{A0}}^{C_A}\frac{dC_A}{(-r_A)} \quad\text{(4-8)}$$

上式就是批式反應器的設計方程式，在設計批式反應器時，常會用到。

若反應器不是等溫操作時，須做能量均衡。在批式反應器中，其均衡式為：

$$\begin{bmatrix}反應器\\內，熱量\\之累積率\end{bmatrix} = 0 - 0 + \begin{bmatrix}反應器內，因\\化學反應熱量\\之增加率\end{bmatrix} + \begin{bmatrix}反應器內，因\\外界供給熱量\\之增加率\end{bmatrix} \quad\text{(4-9)}$$

$$m_t C_P \frac{dT}{dt} = (-\Delta H_r)(-r_A)\cdot V + UA_h(T_s - T) \quad\text{(4-10)}$$

其中　m_t　＝混合物之質量

　　　C_P　＝混合物之熱容量（假設為定值）

　　　T　＝混合物之溫度

t　　＝時間

ΔH_r ＝一個摩爾 A 消失而產生的反應熱，放熱為負，吸熱為正

V　　＝混合物之體積

U　　＝總包熱傳係數(overall heat-transfer coefficient)

A_h　＝有效之熱傳面積

T_s　＝加熱液體或冷卻液體的溫度

　　通常對反應器中之混合物加熱或冷卻，都是經由加熱旋管(heating coil)或冷卻旋管(cooling coil)來完成的。其傳熱速率是

$$Q = UA_h(T_s - T) \quad\text{...}\ (4\text{-}11)$$

▶ 4-2-2 連續反應器的空間時間和空間速度

　　為了衡量連續反應器的進料速率，我們定義了兩個新名詞：

空間時間(space time) τ：

$$\tau = \frac{1}{s} \equiv \begin{bmatrix} 在特定情況下，處理 \\ 一個反應器體積的進 \\ 料，所須要的時間 \end{bmatrix} [=]時間 \quad\text{...............................}\ (4\text{-}12)$$

空間速率(space velocity) s：

$$s = \frac{1}{\tau} \equiv \begin{bmatrix} 在特定情況下，一個單 \\ 位時間內所能處理進料 \\ 的反應器體積數 \end{bmatrix} [=]時間^{-1} \quad\text{.........................}\ (4\text{-}13)$$

因此，若空間時間為 2 分鐘，表示在某特定情況下，為處理一個反應器體積的進料，須費時兩分鐘。空間時間的倒數即為空間速度。2 min 空間時間的對應空間速度為 0.5 l/min，這表示在某特定情況下一分鐘內僅能處理 0.5 個反應器體積的進料。

令 V 表示反應器之體積，v_0 為單位時間內進料之體積，C_{A0} 為進料時之摩爾濃度，F_{A0} 則為單位時間之反應物 A 進料摩爾數。下面我們可將空間時間和這些項連接起來。

$$\tau = \frac{1}{s} = \frac{V}{v_0} = \frac{反應器體積}{單位時間進料之體積} \quad\text{.................................. (4-14)}$$

因為

$$v_0 = F_{A0} / C_{A0} = \frac{單位時間進料之摩爾數}{進料時之摩爾濃度} \quad\text{................................. (4-15)}$$

將式(4-15)代入式(4-14)可得

$$\tau = \frac{C_{A0}V}{F_{A0}} \quad\text{.. (4-16)}$$

這些空間時間和空間速度，在以後分析連續攪拌槽反應器和塞流反應器時，用途甚廣。

4-2-3 連續攪拌槽反應器

圖 4-2 所示的連續攪拌槽反應器和批式反應器相似。器內有一攪拌器使器內濃度及溫度均勻。不同之處是反應物連續進入器內和生成物連續由器內流出。我們假設反應器內混合物的濃度到處一樣，並和出料處的濃度一致。

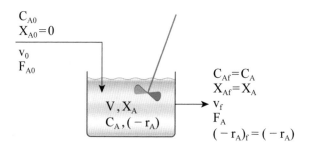

▶圖 4-2　連續攪拌槽反應器

　　因為是在恆穩狀態(steady state)下，器內並無質量之累積。式(4-1)可寫成

$$0 = \begin{bmatrix} 反應器內， \\ 反應物A之 \\ 進料率 \end{bmatrix} - \begin{bmatrix} 反應器內， \\ 反應物A之 \\ 出料率 \end{bmatrix} - \begin{bmatrix} 反應器內，反應 \\ 物由於化學反應 \\ 之消失率 \end{bmatrix} \quad \text{..........} \quad (4\text{-}17)$$

$$0 = F_{A0}(1 - X_{A0}) - F_{A0}(1 - X_A) - (-r_A)V \quad \text{.................................} \quad (4\text{-}18)$$

其中 F_{A0} 為 X_A 為零時之反應物 A 的單位時間進料摩爾數；X_{A0} 及 X_A 分別為 A 在進入反應器前和流出反應器後之轉化率。整理之，得

$$F_{A0}(X_A - X_{A0}) = (-r_A)V \quad \text{...} \quad (4\text{-}19)$$

此處之 X_A 和 $(-r_A)$ 都是在出料處之值，因為反應器內攪拌均勻，使得器內及出料處之轉化率和反應速率一樣。式(4-19)也可以寫成

$$\frac{V}{F_{A0}} = \frac{(X_A - X_{A0})}{(-r_A)} \quad \text{..} \quad (4\text{-}20)$$

或　　　$$\tau = \frac{VC_{A0}}{F_{A0}} = \frac{C_{A0}(X_A - X_{A0})}{(-r_A)} \quad \text{..} \quad (4\text{-}21)$$

在進料處，反應尚未進行，$X_{A0} = 0$，則式(4-20)和式(4-21)可分別簡化成

$$\frac{V}{F_{A0}} = \frac{X_A}{(-r_A)} \quad\text{................(4-22)}$$

或　　　$$\tau = \frac{C_{A0}X_A}{-r_A} \quad\text{................(4-23)}$$

如果反應過程中，體積不變，則

$$X_A = 1 - C_A / C_{A0} \quad\text{................(4-24)}$$

式(4-20)和式(4-21)可分別改寫成

$$\frac{V}{F_{A0}} = \frac{C_{A0} - C_A}{C_{A0}(-r_A)} \quad\text{................(4-25)}$$

$$\tau = \frac{C_{A0} - C_A}{(-r_A)} \quad\text{................(4-26)}$$

式(4-22)把 X_A、$(-r_A)$、V 和 F_{A0} 連結起來，只要知道其中三項，則根據這個式子可把第四項算出來。也就是說式(4-22)或式(4-26)是攪拌槽反應器的設計方程式。

若對攪拌槽做單位時間內的能量均衡，可得

$$0 = \begin{bmatrix} \text{反應器內，因} \\ \text{入料帶入能量} \\ \text{之速率} \end{bmatrix} - \begin{bmatrix} \text{反應器內，因} \\ \text{出料帶出能量} \\ \text{之速率} \end{bmatrix} +$$

$$\begin{bmatrix} \text{反應器內，因化} \\ \text{學反應增加熱量} \\ \text{之速率} \end{bmatrix} + \begin{bmatrix} \text{反應器內，因外} \\ \text{界供給增加熱量} \\ \text{之速率} \end{bmatrix} \quad\text{................(4-27)}$$

$$0 = F_{A0}X_{A0}C_P''(T_0 - T_0) + F_{A0}(1 - X_{A0})C_P'(T_0 - T_0)$$

$$-[F_{A0}X_AC_p''(T - T_0)] + F_{A0}(1 - X_A)C_p'(T - T_0)]$$

$$+(-\Delta H_r)F_{A0}(X_A - X_{A0}) + UA_h(T_s - T) \ldots\ldots\ldots\ldots\ldots (4\text{-}28)$$

式中　　　C_P'、C_P'' = 分別為反應物之熱容量及由於一個摩爾 A 消失而產生的生成物熱容量

ΔH_r = 一個摩爾 A 在 T_0 溫度下消失而產生的反應熱（吸熱為正，放熱為負）

此地取 T_0（進料處溫度）為參考溫度，可使第一項為零而簡化此式。一般說來，反應物和生成物的熱容量相差不太大，可假設 $C_P' = C_P'' = C_P$。設 $X_{A0} = 0$，則式(4-28)可簡化成下式

$$UA_h(T_s - T) = F_{A0}C_P(T - T_0) + \Delta H_r F_{A0}X_A \ldots\ldots\ldots\ldots\ldots (4\text{-}29)$$

或　　　$$X_A = \frac{F_{A0}C_P(T - T_0) - UA_h(T_s - T)}{F_{A0}\Delta H_r} \ldots\ldots\ldots\ldots\ldots (4\text{-}30)$$

這個式子說明了轉化率 X_A 和溫度 T 的關係。

◆4-2-4 塞流反應器

　　理想塞流反應器如圖 4-3 所示。自圓管之一端進料，他端出料。正常操作是在穩定狀態下進行。它有兩個假設：流體流動方向（軸向，axial direction）完全沒有混合；徑向(radial direction)完全混合，使得橫切面上各點的速度、溫度及濃度均相同。各個成分的濃度隨著流體流動的途徑改變，因此做質量均衡時，是對一微分體積元素 dV（如圖 4-3 所示）而取的。其式子如下：

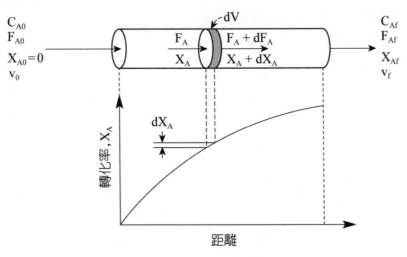

▶ 圖 4-3　塞流反應器

$$0 = F_A - (F_A + dF_A) - (-r_A)dV \dotfill (4\text{-}31)$$

$$-dF_A = (-r_A)dV \dotfill (4\text{-}32)$$

因為

$$F_A = F_{A0}(1 - X_A) \dotfill (4\text{-}33)$$

所以

$$dF_A = -F_{A0}dX_A \dotfill (4\text{-}34)$$

代式(4-34)入式(4-32)得

$$F_{A0}dX_A = (-r_A)dV \dotfill (4\text{-}35)$$

積分之，V 由 0 積至 V。X_A 由 X_{A0} 積至 X_{Af}

$$\int_0^V \frac{dV}{F_{A0}} = \int_{X_{A0}}^{X_{Af}} \frac{dX_A}{(-r_A)} \dotfill (4\text{-}36)$$

得　　　　$\dfrac{V}{F_{A0}} = \dfrac{V}{C_{A0}v_0} = \displaystyle\int_{X_{A0}}^{X_{Af}} \dfrac{dX_A}{(-r_A)}$ .... (4-37)

或　　　　$\tau = \dfrac{V}{v_0} = C_{A0}\displaystyle\int_{X_{A0}}^{X_{Af}} \dfrac{dX_A}{(-r_A)}$ .... (4-38)

若進料處，$X_{A0} = 0$，則式(4-37)和式(4-38)可改寫成

$$\dfrac{V}{F_{A0}} = \dfrac{\tau}{C_{A0}} = \int_0^{X_{Af}} \dfrac{dX_A}{(-r_A)}$$ .... (4-39)

$$\tau = \dfrac{V}{v_0} = C_{A0}\int_0^{X_{Af}} \dfrac{dX_A}{(-r_A)}$$ .... (4-40)

體積不變時

$$X_A = 1 - \dfrac{C_A}{C_{A0}}$$ .... (4-41)

和　　　　$dX_A = \dfrac{-dC_A}{C_{A0}}$ .... (4-42)

$$\dfrac{V}{F_{A0}} = \dfrac{\tau}{C_{A0}} = -\dfrac{1}{C_{A0}}\int_{C_{A0}}^{C_{Af}} \dfrac{dC_A}{(-r_A)}$$ .... (4-43)

$$\tau = \dfrac{V}{v_0} = -\int_{C_{A0}}^{C_{Af}} \dfrac{dC_A}{(-r_A)}$$ .... (4-44)

式(4-38)、式(4-40)或式(4-44)就是塞流反應器的設計方程式。式(4-40)和式(4-44)分別和批式反應器的式(4-7)和式(4-8)一樣，只是批式反應器的反應時間被空間時間取代了。批式反應器的行為其實和塞流反應器的行為是一樣的。塞流反應器可看成一個小的批式反應器，由塞流反應器入口時開始反應，並向出口方向移動，一面前進一面反應，出口時停止反應。因此 $t = \tau$。

取能量均衡時，亦是對該微分體積元素而取。其方程式如下：

$$0 = F_{A0}X_A C_P''(T-T) + F_{A0}(1-X_A)C_P'(T-T)$$

$$-[F_{A0}(X_A + dX_A)C_P''(T+dT-T) + F_{A0}(1-X_A-dX_A)$$

$$C_P'(T+dT-T)] + (-\Delta H_r)F_{A0}(X_A + dX_A - X_A)$$

$$+UdA_h(T_s - T) \quad .... \quad (4\text{-}45)$$

在這裡，我們取 $T=T$ 為參考溫度，若令 $C_P'' = C_P' = C_p$

$$UdA_h(T_s - T) = F_{A0}C_P dT + \Delta H_r F_{A0} dX_A \quad .... \quad (4\text{-}46)$$

移項，除以 dV，得

$$F_{A0}C_P \frac{dT}{dV} = U(T_s - T)\frac{dA_h}{dV} - \Delta H_r F_{A0}\frac{dX_A}{dV} \quad .... \quad (4\text{-}47)$$

由式(4-35)得

$$\frac{dX_A}{dV} = \frac{-r_A}{F_{A0}} \quad .... \quad (4\text{-}48)$$

且在圓管中

$$\frac{dA_h}{dV} = \frac{d(\pi DZ)}{d(\pi D^2 Z/4)} = \frac{4}{D} \quad .... \quad (4\text{-}49)$$

將式(4-48)和式(4-49)代入式(4-47)中得到

$$F_{A0}C_P \frac{dT}{dV} = \frac{4U}{D}(T_s - T) - \Delta H_r(-r_A) \quad .... \quad (4\text{-}50)$$

上面得到的微分方程式告訴我們，溫度和反應器體積的關係。

　　最後剩下半批式反應器還沒做質能均衡。在本書中我們不準備討論這種反應器，有興趣的讀者可參閱本章之參考文獻 2。

　　批式反應器較為簡單，可適用於小規模實驗，求取動力學數據。連續式反應器（包括連續攪拌槽反應器和塞流反應器）較易控制品質，用於大規模生產。半批式反應器因為在反應進行中加入反應物，我們較易控制其反應速率，可用於多種用途上。例如：比色滴定法的反應器和煉鋼用的平爐均屬半批式反應器。

🔒 例題 4-1

　　有一化學反應，其反應速率倒數 $1/(-r_A)$ 與轉化率 X_A 之關係如圖 4-4 所示。如將此化學反應放在一連續攪拌槽反應器中進行，其單位時間進料摩爾數 $F_{A0} = 20\ \text{g-mol/s}$，入口處轉化率 $X_{A0} = 0$，若要出口的轉化率達到 0.8 時，反應器的體積要多大？

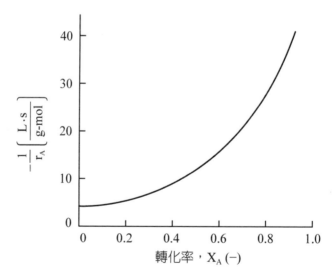

▶ 圖 4-4　例題 4-1 反應速率倒數與轉化率的關係

解：

連續攪拌槽反應器的設計方程式是

$$\frac{V}{F_{A0}} = \frac{X_A}{(-r_A)} \quad\text{... (4-51)}$$

移項得

$$V = \frac{F_{A0} X_A}{(-r_A)} \quad\text{... (4-52)}$$

上式中 $\frac{1}{(-r_A)}$ 的值是出口處的值，由圖 4-4 知：$X_A = 0.8$ 時，$1/(-r_A) = 27.5 \, \text{L} \cdot \text{s}/\text{g-mol}$。將此數據代入式(4-52)可得

$$V = (20 \, \text{g-mol}/\text{s})(0.8)(27.5 \, \text{L} \cdot \text{s}/\text{g-mol})$$

$$= 440 \, \text{L} \quad\text{... (4-53)}$$

🔒 **例題 4-2**

　有一個一階的化學反應 $A \to C$ 在連續攪拌槽中進行，其反應速率式為

$$-r_A = 0.5 C_A \, \text{mol}/\text{m}^3 \cdot \text{s} \quad\text{... (4-54)}$$

　反應過程中，體積不變，入口處的轉化率 $X_{A0} = 0$，A 濃度 $C_{A0} = 1 \, \text{mol}/\text{m}^3$，體積流率 $v_o = 1 \, \text{m}^3/\text{s}$，而反應器體積為 $1 \, \text{m}^3$。請求出連續攪拌槽出口處 A 的轉化率 X_A 為多少？

解：

反應速率式

$$-r_A = 0.5C_A = 0.5C_{A0}(1 - X_A) \quad \text{...} (4-55)$$

代入連續攪拌槽之設計方程式中

$$\tau = \frac{V}{v_o} = \frac{C_{A0}(X_A - X_{A0})}{(-r_A)} \quad \text{.....................................} (4-56)$$

代入相關數據

$$\frac{1}{1} = \frac{1 \cdot (X_A - 0)}{0.5 \cdot 1 \cdot (1 - X_A)} \quad \text{...} (4-57)$$

最後可得

$$X_A = 0.33 \quad \text{...} (4-58)$$

🔒 例題 4-3

如果例題 4-2 的反應器改成塞流反應器，其他條件都一樣時，請求出其出口轉化率 X_A 的值。

解：

將式(4-55)代入塞流反應器的設計方程式中

$$\tau = \frac{V}{v_o} = C_{A0} \int_{X_{A0}}^{X_A} \frac{dX_A}{(-r_A)} \quad \text{.....................................} (4-59)$$

並代入相關數據，可得式(4-60)

$$\frac{1}{1} = 1 \cdot \int_0^{X_A} \frac{dX_A}{0.5 \cdot 1 \cdot (1 - X_A)} \quad \text{..............................} (4-60)$$

積分後，可得

$$\ln(1 - X_A) = -0.5 \quad\text{..} \text{(4-61)}$$

$$X_A = 0.39 \quad\text{..} \text{(4-62)}$$

將例題 4-3 與例題 4-2 的結果拿來比較，可見在一階反應時，塞流反應器的轉化率比較高。這是因為連續攪拌槽時，反應物 A 由 C_{A0} 的濃度掉入反應器後就被充分攪拌，濃度馬上掉到和出口濃度 C_A 一樣。而塞流反應器則隨著混合物往出口移動，A 濃度由進口濃度 C_{A0} 慢慢下降至出口濃度 C_A，所以一般來講，在塞流反應器中，C_A 的值要比連續攪拌槽者為大。由式(4-55)知 C_A 值大，反應快，因此轉化率 X_A 較大。

🔒 **例題 4-4**

生產乙二醇(ethylene glycol)的化學反應式如下：

$$CH_2 \!-\! CH_2 + H_2O \xrightarrow{\;H_2SO_4\;} \begin{array}{c} CH_2OH \\ | \\ CH_2OH \end{array} \quad\text{......................................} \text{(4-63)}$$

我們可將此式寫成

$$A + B \xrightarrow{\;觸媒\;} C \;,\quad -r_A = 0.311\,C_A \quad \text{lb-mol/ft}^3 \cdot \text{min} \text{................} \text{(4-64)}$$

如果這個反應在連續攪拌槽中以等溫定容的方式進行。乙二醇的生產速率是每年二億磅，而進料有二支，這兩支的單位時間進料體積是一樣的。一支是含環氧乙院(ethylene oxide)的水溶液，濃度為 1 lb-mol/ft³，另一支為含 0.90% 硫酸 (H_2SO_4)（重量百分比）的水。出口轉化率 $X_A = 0.8$。試求反應器的體積為多少？

解：

產品的生產速率可改寫如下

$$F_C = 2 \times 10^8 \frac{lb}{yr} \times \frac{1\ yr}{365\ day} \times \frac{1\ day}{24\ h} \times \frac{1\ h}{60\ min} \times \frac{1\ lb\text{-}mol}{62\ lb}$$

$$= 6.137 \frac{lb\text{-}mol}{min} \quad\text{.. (4-65)}$$

由化學計量數知

$$F_C = F_{A0} X_A \text{.. (4-66)}$$

整理後，代入數據，可得

$$F_{A0} = \frac{F_C}{X_A} = \frac{6.137}{0.8} = 7.67 \frac{lb\text{-}mol}{min} \quad\text{.. (4-67)}$$

連續攪拌槽的設計方程式是

$$V = \frac{F_{A0} X_A}{(-r_A)} \text{.. (4-68)}$$

而反應速率式是

$$-r_A = kC_A \text{.. (4-69)}$$

在定容反應下

$$C_A = C_{A0}(1 - X_A) \text{.. (4-70)}$$

將式(4-70)代入式(4-69)後代入式(4-68)可得

$$V = \frac{F_{A0} X_A}{kC_{A0}(1 - X_A)} \text{.. (4-71)}$$

題目中告訴我們，進料有兩支：一支是濃度為 $1\,\text{lb-mol}/\text{ft}^3$，另外一支是含觸媒的水，觸媒的濃度極低，可看成是水。對於反應器來說，這兩支進料應該是合併後，再進入反應器。合併後 A 的濃度就變成

$$C_{A0} = \frac{1}{2} = 0.5\,\text{lb-mol}/\text{ft}^3 \quad\text{....................................} (4\text{-}72)$$

將相關數據代入式(4-71)，得

$$V = \frac{7.67 \times 0.8}{0.311 \times 0.5(1-0.8)} \quad\text{..............................} (4\text{-}73)$$

最後求出

$$V = 197.3\,\text{ft}^3 \quad\text{...} (4\text{-}74)$$

🔒 **例題 4-5**

有一勻相氣體反應 $A \rightarrow C$ 在塞流反應器內進行。215°C 下的反應速率式為

$$-r_A = 10^{-2} C_A^{\frac{1}{2}}\,\text{g-mol}/\text{L}\cdot\text{s} \quad\text{.....................} (4\text{-}75)$$

設進料管有 50%的 A、50%的惰性物質。反應器入口處的溫度和壓力分別為 215°C 和 6 atm（$C_{A0} = 0.625\,\text{g-mol}/\text{L}$）。如果出口轉化率為 0.8，本系統的空間時間為多少？

📝 **解：**

由式(4-40)得知塞流反應器的設計方程式是

$$\tau = C_{A0}\int_0^{X_{Af}} \frac{dX_A}{(-r_A)} \quad\text{.............................} (4\text{-}76)$$

代式(4-75)入式(4-76)中得

$$\tau = C_{A0} \int_0^{X_{Af}} \frac{dX_A}{10^{-2} C_A^{\frac{1}{2}}}$$

$$= 10^2 C_{A0}^{\frac{1}{2}} \int_0^{0.8} \frac{dX_A}{(1-X_A)^{\frac{1}{2}}} \quad \text{................................} \quad (4\text{-}77)$$

$$\int_0^{0.8} \frac{1}{(1-X_A)^{\frac{1}{2}}} dX_A = -2(1-X_A)^{\frac{1}{2}} \Big|_0^{0.8}$$

$$= 1.106 \quad \text{................................} \quad (4\text{-}78)$$

將上值及 C_{A0} 的值代入式(4-77)，並算出 τ 的值

$$\tau = 10^2 \times (0.625)^{\frac{1}{2}} \times 1.106$$

$$= 87.4 \, s \quad \text{................................} \quad (4\text{-}79)$$

🔒 例題 4-6

環戊二烯(cyclopentadinene)和苯醌(benzoquinone)之間的化學反應如下所示：

$$\text{................} \quad (4\text{-}80)$$

我們以簡單的式子表示：

$$C + B \rightarrow \text{加合物} \quad \text{................................} \quad (4\text{-}81)$$

$$-r_B = k C_B C_C \quad \text{................................} \quad (4\text{-}82)$$

假設由反應而產生的體積改變極微，可以忽略不計。25°C 時其反應速率常數為 $9.92 \times 10^{-3} \, m^3 / kg\text{-}mol \cdot s$。如果反應在一個等溫攪拌槽中以批式方式進行，如果要得到 0.95 的轉化率（以限制反應物來看）時，須要多少貯留時間 (holding time)。B 和 C 的最初濃度分別為 0.08 和 $0.1 \, kg\text{-}mol / m^3$。

解：

由式(4-81)，我們知道 B 和 C 的化學計量比為 1：1。又 B 的最初濃度是 $C_{B0} = 0.08 \, kg\text{-}mol / m^3$，而 C 的最初濃度為 $C_{C0} = 0.1 \, kg\text{-}mol / m^3$。因此 B 為限制反應物。B 的反應速率式可寫成

$$-r_B = kC_B C_C$$

$$= k(C_{B0} - C_{B0}X_B)(C_{C0} - C_{B0}X_B) \quad\text{.....................................} \text{(4-83)}$$

批式反應器在等溫狀態下的設計方程式如下：

$$t = C_{B0} \int_0^{X_B} \frac{dX_B}{(-r_B)} \quad\text{...} \text{(4-8)}$$

把式(4-83)代入上式可得

$$t = C_{B0} \int_0^{X_B} \frac{dX_B}{k(C_{B0} - C_{B0}X_B)(C_{C0} - C_{B0}X_B)} \quad\text{...............................} \text{(4-84)}$$

積分後可得

$$t = \frac{\ln\left[\left(\dfrac{\dfrac{C_{C0}}{C_{B0}} - X_B}{1 - X_B}\right)\left(\dfrac{C_{B0}}{C_{C0}}\right)\right]}{k(C_{C0} - C_{B0})} \quad\text{...} \text{(4-85)}$$

將

$$k = 9.92 \times 10^{-3} \ m^3 /(kg\text{-}mol \cdot s) \quad\text{...}\quad (4\text{-}86)$$

$$X_B = 0.95 \quad\text{..}\quad (4\text{-}87)$$

$$C_{B0} = 0.08 \ kg\text{-}mol / m^3 \quad\text{...}\quad (4\text{-}88)$$

$$C_{C0} = 0.1 \ kg\text{-}mol / m^3 \quad\text{...}\quad (4\text{-}89)$$

代入式(4-85)後可得

$$t = \frac{\ln\left[\left(\dfrac{\dfrac{0.1}{0.08} - 0.95}{1 - 0.95}\right)\left(\dfrac{0.08}{0.1}\right)\right]}{9.92 \times 10^{-3}(0.1 - 0.08)}$$

$$= 7.91 \times 10^3 \ s = 2.20 \ h \quad\text{...}\quad (4\text{-}90)$$

🔒 **例題 4-7**

有一以氯化鋁 $(AlCl_3)$ 為觸媒的液態反應如下

$$\text{.............}\ (4\text{-}91)$$

$$\text{butadiene(B) + methyl acryate(M)} \xrightarrow{\ AlCl_3\ } \text{adduct(C)} \quad\text{...............}\quad (4\text{-}92)$$

或

$$B + M \xrightarrow{\ AlCl_3\ } C \quad\text{...}\quad (4\text{-}93)$$

其反應機構如下：

$$AlCl_3 + M \xrightarrow{\ k_1\ } AlCl_3 \cdot M \qquad （極快）\ \dotfill (4\text{-}94)$$

$$B + AlCl_3 \cdot M \xrightarrow{\ k_2\ } C \cdot AlCl_3 \qquad （慢）\ \dotfill (4\text{-}95)$$

$$C \cdot AlCl_3 \xrightarrow{\ k_3\ } C + AlCl_3 \qquad （極快）\ \dotfill (4\text{-}96)$$

式(4-95)的步驟極慢，因此成為控制步驟。整體反應速率式可寫成

$$-r_B = k_2 C_B C_{AlCl_3 \cdot M} \dotfill (4\text{-}97)$$

假設在反應過程中 $AlCl_3 \cdot M$ 的濃度維持不變，且與進料處的 ACl_3 濃度相等，則

$$C_{AlCl_3 \cdot M} = C_{AlCl_{3O}} \dotfill (4\text{-}98)$$

因此

$$-r_B = k_2 C_B C_{AlCl_{3O}} \dotfill (4\text{-}99)$$

20°C 時

$$k_2 = 1.15 \times 10^{-6} \ m^3 /(kg\text{-}mol \cdot s) \dotfill (4\text{-}100)$$

如果將此反應置於一連續攪拌槽反應器中進行，反應溫度為 20°C，進料濃度為

丁二稀(butadiene)(B)	$96.5 \ kg\text{-}mol / m^3$
丙烯酸甲酯(methyl acrylate)(M)	$184 \ kg\text{-}mol / m^3$
氯化鋁 ($AlCl_3$)	$6.63 \ kg\text{-}mol / m^3$

液體體積進料速率為 $v_o = 5.0 \times 10^{-4}\ m^3/s$，如果要有 40%的丁二烯(B)反應掉時，連續攪拌槽的體積應該要多大？

解：

連續攪拌槽反應器的設計方程式，式(4-23)如下：

$$\tau = \frac{C_{B0}X_B}{-r_B}$$ .... (4-23)

將式(4-99)代入上式得

$$\tau = \frac{C_{B0}X_B}{k_2 C_B C_{AlCl_{30}}}$$ .... (4-101)

因為

$$C_B = C_{B0}(1 - X_B)$$ .... (4-102)

所以

$$\tau = \frac{X_B}{k_2 C_{AlCl_{30}}(1 - X_B)}$$ .... (4-103)

代入相關數據後計算得

$$\tau = \frac{0.4}{1.15 \times 10^{-6} \times 6.63 \times (1 - 0.4)}$$

$$= 8.74 \times 10^4\ s = 24.3\ h$$ .... (4-104)

由空間時間之定義，得知

$$\tau = \frac{V}{v_0}$$ .... (4-14)

或

$$V = \tau v_0 \quad\text{...} \text{(4-105)}$$

$$V = 8.74 \times 10^4 \times 5.0 \times 10^{-4}$$

$$= 43.7 \text{ m}^3 \quad\text{...} \text{(4-106)}$$

🔒 **例題 4-8**

　　將純的液體 A（$C_{A0} = 100 \text{ g-mol/L}$）送入一個體積為 0.1 L 的連續攪拌槽反應器中，進行二聚反應 $2A \rightarrow C$。假設反應體積改變極微，可以看成定容反應。進料速率改變時，可得不同的反應物出料濃度，如表 4-1 所示：

▌表 4-1　例題 4-8 的數據

v_0 (L/h)	30.0	9.0	3.6	0.55
C_{Aout} (g-mol/L)	85.7	66.7	57	29.5

試由這些數據找出這個反應的速率方程式。

📖 **解：**

　　將連續攪拌槽的設計方程式，式(4-25)，整理後可得

$$-r_A = \frac{(C_{A0} - C_A)}{V C_{A0} / F_{A0}} \quad\text{...} \text{(4-107)}$$

或

$$-r_A = \frac{v_0(C_{A0} - C_A)}{V} \quad\text{...} \text{(4-108)}$$

因為

$$C_A = C_{Aout} \quad\text{..}\quad (4\text{-}109)$$

$$V = 0.1 \, L \quad\text{...}\quad (4\text{-}110)$$

而每個進料速率就有相對應的 C_A，因此根據式(4-108)，可以算出每個進料速率時的反應速率($-r_A$)。現在將這些算出來的值列於表 4-2。

▌表 4-2　例題 4-8 算出的數據

v_0 (L/h)	30.0	9.0	3.6	0.55
C_{Aout} (kg-mol/L)	85.7	66.7	57	29.5
$C_{A0} - C_{Aout}$ (kg-mol/L)	14.3	33.3	43	70.5
$-r_A = \dfrac{v_0(C_{A0} - C_A)}{V}$ (kg-mol/h · L)	4,290	2,997	1,548	388

假設此反應為 n 階反應，其速率式應該是

$$-r_A = kC_A^n \quad\text{...}\quad (4\text{-}111)$$

兩邊取 ln 後可得

$$\ln(-r_A) = \ln k + n \ln C_A \quad\text{...}\quad (4\text{-}112)$$

因此，如果在全對數紙上以($-r_A$)對 C_A 做圖，其斜率為階數 n，截距為速率常數 k。作圖如圖 4-5（注意縱軸與橫軸都是對數刻度），由圖得知其斜率為 n = 2，而截距 $\ln k = \ln 29$。因此，我們知道本反應的反應速率式應該是

$$-r_A = 29C_A^2 \quad \frac{kg\text{-}mol}{L \cdot h} \quad\text{..}\quad (4\text{-}113)$$

或

$$-r_A = 8.05C_A^2 \frac{kg\text{-}mol}{m^3 \cdot s} \quad\text{.. (4-114)}$$

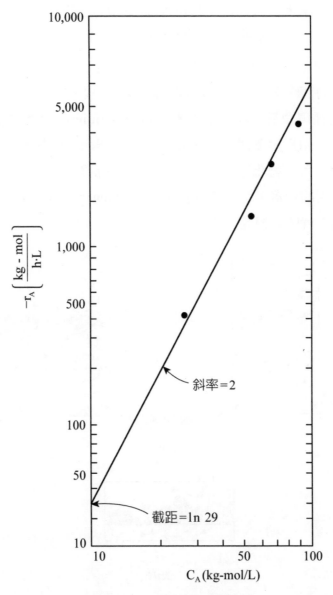

▶ 圖 4-5　例題 4-8 之作圖

● 4-3　偏離理想反應器之行為

在 4-2 中所討論到的是理想反應器，其實反應器並不是都能達到理想狀態。一般說來，尺寸較小時可視為理想反應器，放大(scale up)以後常會發生偏差。現在就連續攪拌槽反應器和塞流反應器分開說明之。

在理想連續攪拌槽中，我們假設流體的每一個分子在反應器內都有相同的停留時間，器內各處的濃度和溫度都一樣。實際上，如圖 4-6 所示，常有兩種現象發生：一為短路(shortcircuiting)。流體流入反應器後還沒完全混合和反應就離開反應器。因為在器內停留的時間較一般流體的時間為短，所以轉化率較低。另一情形為流體進入反應器後，停留在不易被攪拌到的角落。這些稱為停滯流體(stagnant fluid)。因為停留的時間長，轉化率就隨之提高。

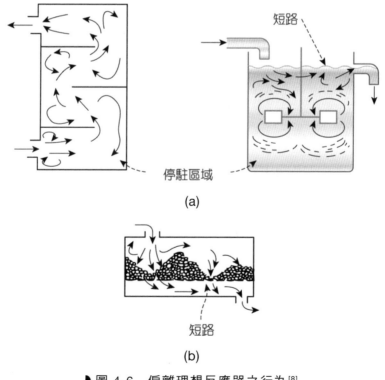

(a)

(b)

▶ 圖 4-6　偏離理想反應器之行為[8]

　　由流體混合程度的觀點來看，亦可找出偏差的地方。如圖 4-7 所示，入料管有兩個，分別送入 A 和 B。A 要和 B 發生反應的前提是，有充分的碰撞機會。如果流體是微觀流體(micro fluid)（流體分子可自由運動並和別的分子碰撞），則 A 和 B 極易混合。換句話說，在極短時間內，二者混合完畢，然後開始反應。這樣的情況極為符合理想連續攪拌槽的要求。若 A 流體和 B 流體均以微小的聚合體（由10^{12}到10^{18}個分子聚成）存在，稱為巨觀流體(macro fluid)，則只有聚合體的表面部分有接觸和反應的機會。有的聚合體已反應，但是有的聚合體因為被別的聚合體所包圍，沒有反應。因為無法完全混合的關係，會造成反應器內的轉化率不一樣。

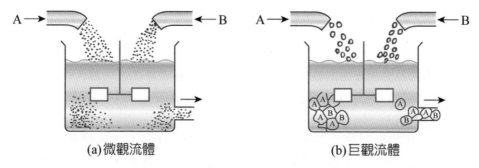

(a)微觀流體　　　　　　　　(b)巨觀流體

▶圖 4-7　偏離連續攪拌槽反應器之行為[8]

　　塞流反應器亦有其偏差。在攪拌槽中存在的偏差，諸如短路、停滯流體和巨觀流體所產生的不易混合，都會在塞流反應器中發生。如由塞流反應器的假設條件來看，我們可發現兩種偏差：(1)軸向混合及(2)徑向沒有完全混合。如圖 4-8(a)所示，由於進、出口噴嘴(nozzle)所引起的漩渦和逆流會導致軸向混合。如果流體在圓管內的流動是層流(laminar flow)，則流體層間的混合不易。結果是圓管內，徑向無法完全混合（如圖 4-8(b)所示）。

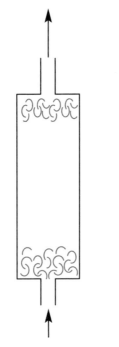
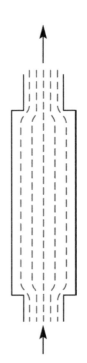

(a) 漩渦及亂流產生的軸向混合　　(b) 層流會使徑向混合不完全

▶ 圖 4-8　偏離塞流反應器之行為[11]

　　以上所述的偏差，會使以理想狀態所導出的式子，不能預測實際反應器的作業情形。為進一步瞭解非理想反應器的行為，一般是藉著滯留時間分布(residence time distribution)的探討，找出偏差對轉化率的效應，讀者若有興趣可參看參考文獻 4 及 8。

● 4-4　溫度效應(temperature effects)

　　在第二、三章中，我們知道反應溫度會提高反應常數 k 的值。由於平衡常數 K_C 是，正向反應常數 k_f 和逆向反應常數 k_r 的商，K_C 的值也會被溫度所影響。通常一種反應有其最適度的反應溫度，為了使反應在此溫度下進行，一般的反應器都配有加熱或冷卻裝置。像外冷夾套

(external cooling jackets)、外熱夾套(external heating jackets)、冷卻旋管(cooling coil)或加熱旋管(heating coil)等。

反應器的操作可分為三種：等溫、絕熱和非絕熱三種。由於化學反應會伴隨著反應熱產生，如果要使反應在等溫下進行，則必須把反應熱移除，例如放熱反應應加冷卻裝置。反之，則加裝加熱裝置。若反應熱很大時，必須儘量加大熱傳送面積。把單一大管的反應器變成許多小管。

絕熱反應(adiabatic reaction)是使反應器和外界絕緣。沒有冷卻也沒有加熱。溫度除了因進出料所攜帶的能量所造成的變化外，化學反應熱也是一個極重要的因素。如在絕熱條件下反應，能量均衡式中的 $UA_h(T_S - T)$ 等於 0。

非絕熱反應(non-adiabatic reaction)作業時，反應器和外界有熱交換。反應熱大的等溫反應即屬此類操作。

在第六章中我們將對溫度效應做更詳細的討論。

● 4-5　機械特徵(mechanical features)

🖝 4-5-1 批式反應器

圖 4-9 所示為一最常見的批式反應器。反應器係由一鍋(kettle)及外加的配件組成。整個反應器除了排氣孔(vent)外，通常封閉，以防物料漏失而危及操作人員。中壓或高壓反應以安全閥(safety valve)代替排放口。

在中壓時可使用螺栓、法蘭(flange)及墊圈(gasket)來封閉反應器。高壓反應時，螺栓形式的封閉法不太適合。通常利用壓力本身來密封容器。

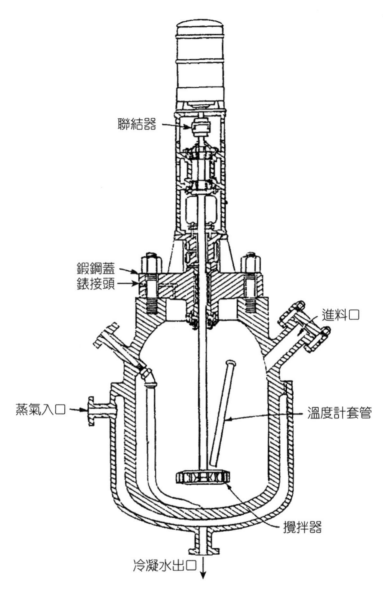

▶圖 4-9　批式夾套反應器[11]

　　鍋中有一由馬達帶動的攪拌器(agitator)和一進料口。錶接頭 (connection for gauges)用於連接壓力計，以得知鍋中壓力。溫度計套管 (thermometer well)用於裝入溫度計，測知鍋中溫度。通常在鍋外層有一 夾套(jacket)供冷卻或加熱用。

　　反應器材料有普通鋼、不銹鋼或玻璃。普通鋼比較經濟；但食品及製藥工業為顧及產品純度，通常使用不銹鋼或玻璃。

　　圖 4-10 所示為一微小形實驗室用的攪拌槽反應器。化學反應的進行是分批式的，因此本反應器應屬於批式反應器。

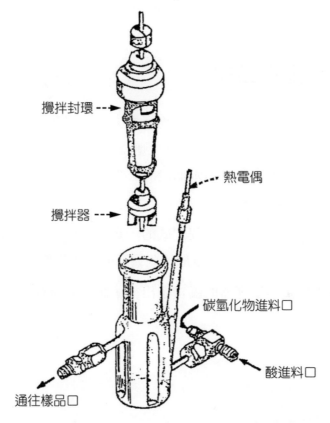

▶圖 4-10　用在烷化反應(alkylation reaction)的小形攪拌槽反應器

　　　　　〔攪拌器：可變速率 20,000 rpm；反應器本體：派熱司玻璃(pyrex glass)；體積：15 或 25 mL〕[10]

4-5-2 連續式反應器

連續式反應器包括連續攪拌槽反應器和塞流反應器。連續攪拌槽和批式反應器相似，但須加裝連續進料及連續出料設備。塞流反應器之設計必須管長比管徑大很多。管長愈長，管徑愈小愈符合塞流反應器之假設。

● 4-6 重點回顧

在這一章裡面，我們利用質能均衡的方式，對我們所介紹的三種反應器：(1)批式反應器(2)連續攪拌槽反應器和(3)塞流反應器做質量均衡和能量均衡。由此，我們得到兩個設計方程式。等溫反應時，只要利用質量均衡的方程式即可。

我們所討論的反應器都是理想式的。實際上的反應器和理想反應器有所不同。在本章裡面，我們也把這些偏離的事實列舉出來。

最後我們把幾種反應器的圖畫了出來，讓讀者能夠對實際的反應器特徵有個概念。

習題 ● ● ● ○

1. 某一化學反應在某種反應器中進行，有如圖 4-11 的關係，請問

   (1) 這個化學反應的反應階數等於 0、大於 0 或小於 0？

   (2) 這個反應器是屬於那一種？（批式反應器、連續攪拌槽反應器還是塞流反應器）

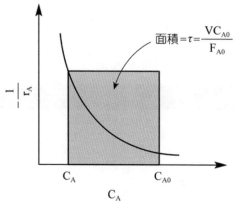

面積 $= \tau = \dfrac{VC_{A0}}{F_{A0}}$

▶ 圖 4-11　習題 1 中 $\left(-\dfrac{1}{r_A}\right)$ 與 C_A 的關係

2. 試繪夾套式批式反應器的示意圖。

3. 如果反應物流體 A 和 B 均為巨觀流體時，將 A 和 B 送入一連續攪拌槽中反應。其反應過程中和理想連續攪拌槽相較有那些偏離，試簡略繪圖說明。

4. 若有一反應裝置如圖 4-12 所示，試問若以連續攪拌槽模擬時，此反應器有那些偏離理想狀態的現象？

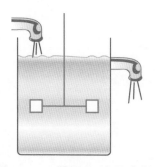

▶ 圖 4-12　習題 4 的反應裝置

5. 有一液相反應在批式反應器中進行

$$A \to R \text{ .... (4-115)}$$

反應速率列於表 4-3 中：

▌表 4-3　習題 5 的數據

C_A (g-mol/L)	$-r_A$ (g-mol/L · min)
0.1	0.1
0.3	0.5
0.5	0.5
0.7	0.10
1.0	0.05
1.3	0.045
2.0	0.042

若反應由 $C_{A0} = 1.3\,\text{g-mol/L}$ 進行到 $C_{Af} = 0.5\,\text{g-mol/L}$，須時若干？

6. 有一不可逆二聚合反應(irreversible dimerization)在 130°C 下，在一個等溫批式反應器內進行。假設 M 的最初濃度為 $C_{M0} = 1\,\text{g-mol/L}$，一小時後的濃度為 $C_M = 0.1\,\text{g-mol/L}$。假設此反應為定容反應，且為一階的，在反應 30 分鐘後，C_M 值若何？化學反應式如下：

$$2M \to D \text{ .... (4-116)}$$

如果反應是二階時，C_M 值又若何？

7. 醋酸(acetic acid)和乙醇(ethanol)的酯化作用(esterification)

$$CH_3COOH + C_2H_5OH \rightleftharpoons CH_3COOC_2H_5 + H_2O$$
$$(\quad A \quad + \quad B \quad \rightleftharpoons \quad M \quad\quad + N \quad)$$ ⋯⋯⋯⋯⋯⋯ (4-117)

在一等溫批式反應器中進行。目標為每日生產 10 ton 之醋酸乙酯(ethyl acetate)。進料中有 50 g/L 的乙醇，25 g/L 的醋酸和微量的鹽酸當作觸媒，其餘為水。此混合液體的密度為 $1.04\,g/L$。假設反應過程中，此密度維持不變。此醇化反應的速率方程式為

$$-r_A = k_f C_A C_B - k_r C_M C_N$$ ⋯⋯⋯⋯⋯⋯⋯⋯⋯⋯⋯⋯ (4-118)

100°C 時反應常數的值為

$$k_f = 4.8 \times 10^{-4} \ L/(g\text{-mol} \cdot min)$$ ⋯⋯⋯⋯⋯⋯⋯⋯⋯⋯ (4-119)
$$k_b = 1.63 \times 10^{-4} \ L/(g\text{-mol} \cdot min)$$ ⋯⋯⋯⋯⋯⋯⋯⋯⋯ (4-120)

當醋酸的轉化率達到 0.3 時，混合物即倒出器外。將生成物倒出，清洗和將反應物倒入共費時 30 min。求反應器的大小為何？

8. 請畫出下列四種液相基本反應在批式反應器內，濃度隨時間改變的示意圖，每個圖中應有各個成分的濃度 C_i 及總濃度 $C_T = \sum C_i$ 隨時間改變的曲線：

(1) 不可逆並行反應 $A \begin{smallmatrix} k_1 \nearrow R \\ k_2 \searrow S \end{smallmatrix}$ ， $k_1 > k_2$ ； $C_{A0} = 1\,g\text{-mol}/L$ ，$C_{R0} = C_{S0} = 0$ 。

(2) 不可逆串行反應 $A \xrightarrow{k_1} R \xrightarrow{k_2} S$ ， $k_1 = k_2$ ； $C_{A0} = 1\,g\text{-mol}/L$ ，$C_{R0} = C_{S0} = 0$ 。

(3) 所有條件與(2)相同，但是 $k_2 = 1,000 k_1$ 。

(4) 可逆反應 $A \underset{k_2}{\overset{k_1}{\rightleftharpoons}} R$ ， $K_C = 1$ ， $C_{A0} = 1\,g\text{-mol}/L$ ， $C_{R0} = 0$ 。

9. 有一個二階化學反應

$$2A \rightarrow products \quad\text{.. (4-121)}$$

$$-r_A = kC_A^2 \quad\text{.. (4-122)}$$

在一連續攪拌槽中進行，反應器與外界沒有熱交換，試求連續攪拌槽的體積表示式若何？即 $V = V(F_{A0}, k, C_{A0}, C_P, \Delta H_r, T, T_0)$ 是什麼樣的式子？

10. 有一個反應

$$A \rightarrow products \quad\text{.. (4-123)}$$

在一個塞流反應器內進行。反應器外有加熱旋管包圍。加熱流體的溫度為 T_S，而熱傳係數為 U。請導出以 T 和 $(-r_A)$ 來表示的 $\dfrac{dT}{dV}$ 表示式。

11. 丁二烯(butadiene)聚合時，正向反應是二階的，其反應速率常數是

$$\log k_f = -\frac{5,470}{T} + 8.063 \quad\text{.. (4-124)}$$

其中 k_f 的單位是 g-mol/(L·h·atm^2)，T 的單位是 K。逆向反應是一階的。1,180°F(911K)時的平衡常數為 1.27。生產時，將蒸氣和丁二烯以 0.5 g-mol 蒸氣/g-mol 丁二烯之比送入塞流反應器中。反應器溫度維持在 1,180°F，壓力 1 atm。設進料莫耳速率為 20 g-mol/h，塞流反應器是 4″ 內直徑的管子，若要使出口轉化率達到 0.4 時，管長須若干？空間時間若干？

12. 有一液相反應

$$A \rightarrow C \quad , \quad -r_A = kC_A^2 \quad \text{.. (4-125)}$$

在一連續攪拌槽中進行，其進口轉化率為零，出口轉化率為 0.4。若所有情況保持不變，而反應器容積改為原來的五倍，其出口轉化率會變成多少？

參考
文獻

1. Aris, R., "Elementary Chemical Reactor Analysis" (1967).

2. Carberry, J.J., "Chemical and Catalytic Reaction Engineering" (1976).

3. Coulson, J.M. and J.F. Richardson, "Chemical Engineering" Vol.III (1971).

4. Fogler, H.S., "Elements of Chemical Reaction Engineering" 2nd Ed. (1992).

5. Frost, A.A. and R.G. Pearson, "Kinetics and Mechanism" 2nd Ed.(1961).

6. Holland, C.D. and R.G. Anthony, "Fundamentals of Chemical Reaction Engineering" (1979).

7. Hougen, O.A. and K.M. Watson, "Chemical Process Principles, Part.III Kinetics and Catalysis" (1973).

8. Levenspiel, O., "Chemical Reaction Engineering", 2nd Ed. (1972).

9. Perry, J.H., "Chemical Engineers' Handbook", 4th Ed. (1963).

10. Rase, H.F. "Chemical Reactor Design for Process Plants" (1977).

11. Smith, J.M., "Chemical Engineering Kinetics", 2nd Ed. (1970).

CH **05** 等溫勻相反應器
的設計

● 5-1 概　述

在前面兩章中，我們分別討論了化學動力學、反應速率和成分濃度及溫度的關係和反應器質能均衡的設計公式。化學反應是在反應器中進行的。化學反應的種類很多，而反應器又有兩三種。究竟何種反應器適合於何種化學反應呢？這就是本章所要討論的。

設計反應器時需要考慮的條件很多，諸如：反應種類、預計生產量的大小、設備費用、操作費用、安全性、穩定性和生產時間等等。我們無法找出一個方程式來表示這些因子的影響程度。無可否認的，若反應器之體積愈小則設備費用愈低廉。又，在複雜的反應中必有希望得到的產品和不希望得到的產品。如何使反應器之設計能使所希望的產品增加，而使不希望的產品減少，也是一個很重要的課題。

● 5-2 批式反應器、連續攪拌槽反應器和塞流反應器的圖示法比較

假設定容條件適用於反應系統中，則下列之方程式可用來比較批式反應器、連續攪拌槽和塞流反應器之不同：

批式反應器：$t = -\int_{C_{A0}}^{C_A} \dfrac{dC_A}{(-r_A)}$ ....(5-1)

連續攪拌槽：$\tau = \dfrac{C_{A0} - C_A}{(-r_A)}$ ....(5-2)

塞流反應器：$\tau = -\int_{C_{A0}}^{C_A} \dfrac{dC_A}{(-r_A)}$ ....(5-3)

很明顯的，式(5-1)和(5-3)的右邊完全一樣。因此，若要使反應物的濃度由 C_{A0} 減到 C_A，在批式反應器內所需要的反應時間和塞流反應器的空間時間完全一樣。這可由他們的物理意義來想：讓我們把同樣濃度的反應物放在批式反應器中和塞流反應器的入口。因為，反應物進入塞流反應器後，慢慢往出口處移動，一面移動，一面反應。而其停留時間也逐漸增加，因為定容的關係，這個停留時間也就是空間時間。這個空間時間和分批反應器的反應時間有相似之處。

現在讓我們用圖來說明式(5-1)、式(5-2)和式(5-3)。首先，我們可以由化學動力學之數據得到 $1/(-r_A)$ 對 C_A 作圖的曲線（如圖 5-1），此曲線只和化學反應本身有關，和反應器種類無關。

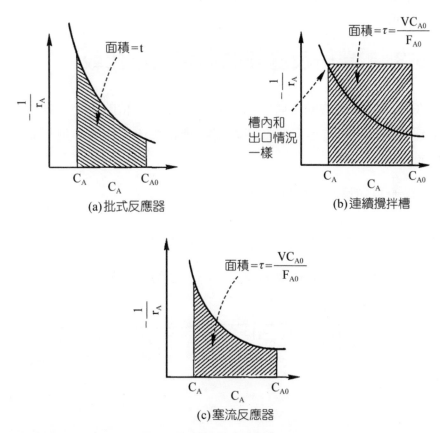

▶圖 5-1　批式反應器、連續攪拌槽和塞流反應器行為之圖示法

　　批式反應器的反應時間和塞流反應器的空間時間都是曲線下面的面積。連續攪拌槽所需的空間時間，則為一長方形的面積。我們就連續攪拌槽和塞流反應器作一比較，可知，若要得到相同的轉化率（由 C_{A0} 到 C_A）則連續攪拌槽所費的空間時間比塞流反應器所費的要多。因為 $V = \tau v_0$，因此若體積流量相同時，連續攪拌槽所需的體積比塞流反應器所需的為大。原因何在？塞流反應器中的反應物濃度由進口處逐漸降低到出口處。而反應物由進料口流進攪拌槽以後，即刻被沖淡成和出口處的濃度相同。因此，反應物在攪拌槽中的濃度比在塞流反應器中者為低。而圖 5-1 的情況是反應物濃度愈高則反應速率愈大。所以在攪拌槽中反應較慢，所需要的攪拌槽空間時間較大。

● 5-3　單一反應器的體積大小比較

　　在考慮反應器的成本時，通常須要知道其容積的大小。在本節中所要提到的是，n 階定容反應在連續攪拌槽和塞流反應器中進行時，所需容積的比較。

　　n 階不可逆反應的反應方程式為

$$-r_A = kC_A^n \quad\text{...}\quad (5\text{-}4)$$

代此式入式(5-2)，並把 C_A 改成 X_A，可得連續攪拌槽的空間時間

$$\tau_{CSTR} = \frac{C_{A0}X_A}{kC_A^n} = \frac{X_A}{kC_{A0}^{n-1}(1-X_A)^n} \quad\text{...}\quad (5\text{-}5)$$

代式(5-4)入式(5-3)，並把 C_A 改成 X_A，可得塞流反應器的空間時間

$$\tau_P = C_{A0} \int_0^{X_A} \frac{dX_A}{kC_A^n}$$

$$= \frac{1}{kC_{A0}^{n-1}} \int_0^{X_A} \frac{dX_A}{(1-X_A)^n}$$

$$\tau_P = \frac{1}{kC_{A0}^{n-1}} \frac{(1-X_A)^{1-n}-1}{(n-1)} \text{，} n \neq 1 \quad\text{....................................} (5\text{-}6a)$$

$$\tau_P = \frac{-1}{kC_{A0}^{n-1}} \ln(1-X_A) \text{，} n = 1 \quad\text{....................................} (5\text{-}6b)$$

式(5-5)除以式(5-6)可得

$$\frac{(\tau C_{A0}^{n-1})_{CSTR}}{(\tau C_{A0}^{n-1})_P} = \frac{(C_{A0}^n V / F_{A0})_{CSTR}}{(C_{A0}^n V / F_{A0})_P}$$

$$= \frac{\left[\dfrac{X_A}{(1-X_A)^n}\right]_{CSTR}}{\left[\dfrac{(1-X_A)^{1-n}-1}{n-1}\right]_P} \text{，} \quad n \neq 1 \quad\text{...........................} (5\text{-}7a)$$

$$\frac{\tau_{CSTR}}{\tau_P} = \frac{(C_{A0} V / F_{A0})_{CSTR}}{(C_{A0} V / F_{A0})_P} = \frac{\left(\dfrac{X_A}{1-X_A}\right)_{CSTR}}{-\ln(1-X_A)_P} \text{，} \quad n = 1 \quad\text{.................} (5\text{-}7b)$$

　　若連續攪拌槽和塞流反應器中的進料摩爾速率 F_{A0} 和進料口的濃度 C_{A0} 都一樣時，則式(5-7)代表二者之容積比。圖 5-2 所示者為 n 階反應下，由式(5-7a)或式(5-7b)所得到的 $(\tau C_{A0}^{n-1})_{CSTR} / (\tau C_{A0}^{n-1})_P$ 和 $1-X_A$ 之關係。

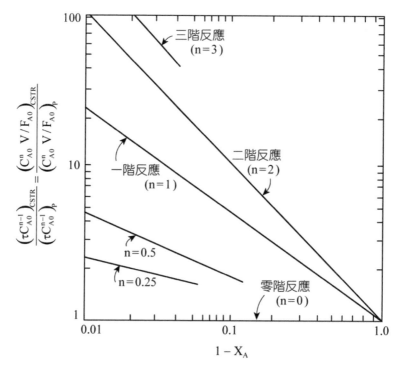

▶圖 5-2　連續攪拌槽和塞流反應器行為之比較

　　由圖 5-2 我們可得到以下之結論：

1. 對任何階的反應（階數為正）而言，連續攪拌槽的所需容積均大於塞流反應器的所需容積。

2. 連續攪拌槽和塞流反應器所需容積的比值隨著反應階數的增加而增加。

3. 零階反應時，兩種反應器的大小一樣。

4. 當轉化率小時，反應器所需容積比的大小隨其形式的變化不大。

　　圖 5-2 對我們選擇反應器有很大的助益。今舉二例說明之。

🔓 **例題 5-1**

　　假設有一定容反應在理想塞流反應器內進行，其反應速率方程式為

$$-r_A = 450 \ C_A^2 \quad g\text{-mol}/(L \cdot min) \quad\text{..} (5\text{-}8)$$

其他的條件為：反應器體積　$V = 0.15\,L$

進料容積速率　$v_0 = 0.04\,L/min$

進料口反應物濃度　$C_{A0} = 0.01\,g\text{-mol}/L$

試求：(1) 出口轉化率。

　　　(2) 其他條件完全一樣，要得到相同的轉化率時，理想連續攪拌槽反應器體積的大小。

📕 **解**：

(1) 代式(5-8)入式(5-3)，把 C_A 改成 X_A 及代入 τ_P 的定義，式(4-16)，可得

$$\frac{V}{F_{A0}} = \int_0^{X_A} \frac{dX_A}{kC_A^2} \quad\text{...} (5\text{-}9)$$

$$\frac{V}{C_{A0}v_0} = \frac{1}{kC_{A0}^2} \int_0^{X_A} \frac{dX_A}{(1-X_A)^2}$$

$$= \frac{1}{kC_{A0}^2}[(1-X_A)^{-1} - 1] \quad\text{..................................} (5\text{-}10)$$

將 V、C_{A0}、v_0 和 k 的值分別代入上式中，可將 X_A 的值求出，其值為

$$X_A = 0.94 \quad\text{...} (5\text{-}11)$$

(2) 若連續攪拌槽和塞流反應器的 C_{A0} 和 F_{A0} 都相同時

$$\frac{(C_{A0}^n V / F_{A0})_{CSTR}}{(C_{A0}^n V / F_{A0})_P} = \frac{V_{CSTR}}{V_P} \quad\text{.....................................}\quad (5\text{-}12)$$

$X_A = 0.94$ 時，$1 - X_A = 0.06$，由圖 5-2 可查得

$$\frac{V_{CSTR}}{V_P} = 15.5 \quad\text{...}\quad (5\text{-}13)$$

因此

$$V_{CSTR} = 15.5 \times V_P = 15.5 \times 0.15 = 2.3\,\text{L} = 2.3 \times 10^{-3}\,\text{m}^3 \quad\text{.................}\quad (5\text{-}14)$$

● 5-4 數個反應器之連接

▶ 5-4-1 塞流反應器的串聯和並聯

有 N 個塞流反應器串聯在一起，如圖 5-3 所示。$X_{A1}, X_{A2}, \cdots, X_{AN}$ 分別表示反應物 A 在反應器 1、2、$\cdots$、N 出料口的轉化率。由式(4-39) 知，第 i 個反應器的方程式為

$$\frac{V_i}{F_{A0}} = \int_{X_{Ai-1}}^{X_{Ai}} \frac{dX_A}{(-r_A)} \quad\text{..}\quad (5\text{-}15)$$

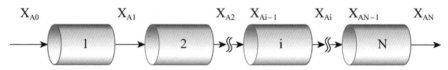

X_{A0} X_{A1} X_{A2} X_{Ai-1} X_{Ai} X_{AN-1} X_{AN}

▶圖 5-3 N 個塞流反應器之串聯

把串聯的 N 個反應器加起來可得

$$\frac{V}{F_{A0}} = \sum_{i=1}^{N} \frac{V_i}{F_{A0}} = \frac{V_1 + V_2 + \cdots + V_N}{F_{A0}}$$

$$= \int_{X_{A0}}^{X_{A1}} \frac{dX_A}{(-r_A)} + \int_{X_{A1}}^{X_{A2}} \frac{dX_A}{(-r_A)} + \cdots + \int_{X_{AN-1}}^{X_{AN}} \frac{dX_A}{(-r_A)}$$

$$= \int_{X_{A0}}^{X_{AN}} \frac{dX_A}{(-r_A)} \quad\text{.. (5-16)}$$

　　由式(5-16)來看，N 個塞流反應器串聯之總體積為 V，其轉化率和體積為 V 的單一塞流反應器相同。

　　若有數個塞流反應器並聯，而其進料口和出料口的轉化率皆一樣時，由式(4-39)觀之，其支流的 V/F_{A0} 均相等。若進一步假設每個支流的進料摩爾速率均相等時，其體積 V 亦相等。

▶ 5-4-2 連續攪拌槽的串聯

　　大小相同或大小不同的攪拌槽均可串聯在一起。本節僅就大小相同的情況討論之，若對大小不同攪拌槽的串聯有興趣時，可參閱參考文獻 8。

　　假設有 N 個大小相同的連續攪拌槽串聯在一起，槽內所發生的反應為定容一階反應，參考式(4-21)，可寫出第 i 個反應器的空間時間 τ_i 表示式如下：

$$\tau_i = \frac{C_{A0} V_i}{F_{A0}} = \frac{V_i}{v_{A0}} = \frac{C_{A0}(X_{Ai} - X_{Ai-1})}{-r_A} \quad\text{.. (5-17)}$$

上式可寫成

$$\tau_i = \frac{C_{A0}[(1 - C_{Ai}/C_{A0}) - (1 - C_{Ai-1}/C_{A0})]}{kC_{Ai}} = \frac{C_{Ai-1} - C_{Ai}}{kC_{Ai}} \quad\text{............... (5-18)}$$

或

$$\frac{C_{Ai-1}}{C_{Ai}} = 1 + k\tau_i \quad\text{.. (5-19)}$$

因為 $\tau = V/v_0$，而每個反應器的體積又相同，其空間時間 τ_i，亦相同。由式(5-19)得

$$\frac{C_{A0}}{C_{A1}} \cdot \frac{C_{A1}}{C_{A2}} \cdots \cdot \frac{C_{AN-1}}{C_{AN}} = (1 + k\tau_i)^N \quad\text{.. (5-20)}$$

$$\frac{C_{A0}}{C_{AN}} = \frac{1}{(1 - X_{AN})} = (1 + k\tau_i)^N \quad\text{... (5-21)}$$

重組之，可得

$$\tau_N = N\tau_i = \frac{N}{k}\left[\left(\frac{C_{A0}}{C_{AN}}\right)^{1/N} - 1\right] \quad\text{.. (5-22)}$$

當 N 趨近於無窮大時，式(5-21)變成

$$\tau_N = \tau_P = \frac{1}{k}\ln\frac{C_{A0}}{C_{AN}} \quad\text{.. (5-23)}$$

此式和一階反應在塞流反應器內進行的式子完全一樣。

　　為了比較 N 個攪拌槽串聯和塞流反應器的操作狀況，我們可以攪拌槽空間時間 τ_N，對塞流反應器空間時間 τ_P 的比值為縱軸，而以 $1-X_A$ 為橫軸作圖。圖 5-4 所示即為此種關係。此圖也把不同 N 值，但相同 $k\tau$ 值的各點用虛線連起來。因此只要知道 $1-X_A$、N 和 $k\tau$ 三者任何二者的值時，即可由圖 5-4 求出 τ_N/τ_P 值

　　由圖 5-4 觀之，當 N 值愈大，即槽數愈多時，其操作情況愈趨近於塞流反應器。

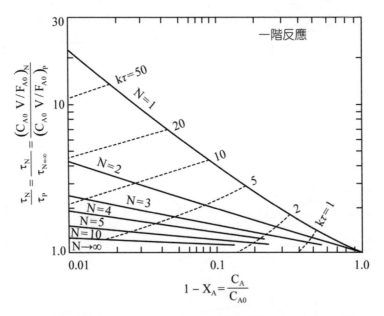

▶圖 5-4　一階反應時，N 個大小一樣的攪拌槽串聯和塞流反應器之比較

　　若反應為二階時，$-r_A = kC_A^2$，可由連續攪拌槽反應器的設計方程式導出第 N 個攪拌槽出口處 A 的濃度 C_{AN} 為

$$C_{AN} = \frac{1}{4k\tau_i}\left[-2 + 2\sqrt{-1 + \cdots + 2\sqrt{-1 + 2\sqrt{1 + 4C_{A0}k\tau_i}}}\right\} N\right] \quad\text{.......... (5-24)}$$

二階反應在塞流反應器內進行時，出口處濃度為

$$C_A = \frac{C_{A0}}{1 + C_{A0}k\tau_P} \quad\text{.. (5-25)}$$

我們可根據式(5-24)和式(5-25)畫出和圖 5-4 相似的比較圖如圖 5-5 所示。

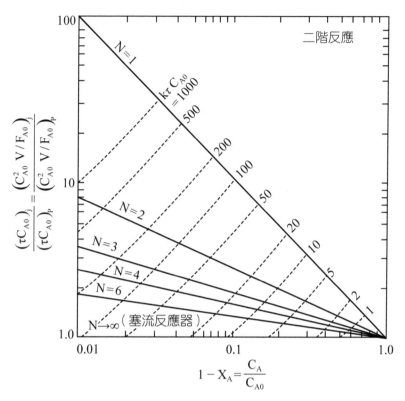

▶圖 5-5　二階反應時，N 個大小一樣的攪拌槽串聯和塞流反應器之比較

　　由圖 5-5 可看出，反應器的數目愈多時，其行為與塞流反應器愈相近。理由何在？這可用圖 5-6 來解說。反應物在進入攪拌槽前的濃度較高，進入攪拌槽後，濃度立即降至和出口處一樣。因此只有一個反應槽時，由 C_{Ain} 到 C_{Aout} 只有一個階段。若 N=5，則濃度下降分成五個階段。N 愈大則階段愈多。反應器數目達到無窮大時，和塞流反應器的濃度輪廓(concentration profile)一樣，為一曲線。和圖 5-4 一樣，在圖 5-5 中，我們也把不同 N 值，但相同 $k\tau C_{A0}$ 值的點用虛線連起來。因此，只要知道 $1-X_A$、N 和 $k\tau C_{A0}$ 三者之二的值，就可由圖 5-5 求出 $(\tau C_{A0})_j/(\tau C_{A0})_P$ 的值。

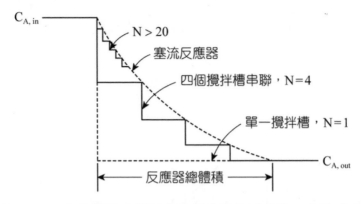

▶圖 5-6　N 個攪拌槽串聯及塞流反應器內反應物 A 之濃度分布

🔒 例題 5-2

　　有一反應物 A 在理想連續攪拌槽內進行二階反應。在出口處可得到 0.8 的轉化率。如果在槽的下游再串聯一個相同的攪拌槽時，由第二個反應器出料口處所得的轉化率為若干？如果所希望的轉化率仍為 0.8，用兩個串聯的攪拌槽時，其進料速率（單位時間體積進料量）可為單一攪拌槽的幾倍？

📖 解：

　　二階反應在一個攪拌槽內進行反應時可利用圖 5-5 來解。因為 $X_A = 0.8$，所以 $1 - X_A = 0.2$，由 $N = 1$ 的線可查出 $kC_{A0}\tau = 20$。如果有兩個攪拌槽串聯，則空間時間為原來的兩倍。又 kC_{A0} 的值不變，因此 $N = 2$ 時，$kC_{A0}\tau = 40$。由圖 5-5 知 $kC_{A0}\tau = 40$ 而 $N = 2$ 時（圖 5-7 中的 a 點），其 $1 - X_A = 0.08$。即 $X_A = 0.92$。若兩個反應器和一個反應器時的轉化率一樣，則如圖 5-7 所示，由 $N = 1$ 和 $kC_{A0}\tau = 20$ 交點垂直對下來，到 $N = 2$ 時得 b。可查出 b 點的 $kC_{A0}\tau = 9$。

　　因為

$$(kC_{A0})_{N=2} = (kC_{A0})_{N=1} \quad\quad\quad\quad\quad\quad\quad\quad\quad\quad\quad\quad\text{(5-26)}$$

所以

$$\frac{(kC_{A0}\tau)_{N=2}}{(kC_{A0}\tau)_{N=1}} = \frac{\tau_{N=2}}{\tau_{N=1}} = \frac{(V/v_0)_{N=2}}{(V/v_0)_{N=1}} = \frac{9}{20} \quad\text{.......................................}(5\text{-}27)$$

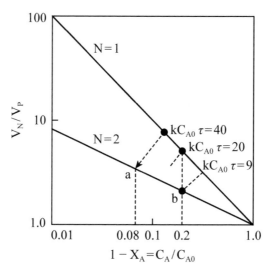

▶圖 5-7　例題 5-2 之輔助圖

由於 $V_{N=2} = 2V_{N=1}$，式(5-27)可改寫成

$$\frac{(v_0)_{N=2}}{(v_0)_{N=1}} = \frac{20}{9}(2) = 4.4 \quad\text{..}(5\text{-}28)$$

由式(5-28)觀之，在兩個反應器串聯的情況下，進料速率可為原來的 4.4 倍。

🔒 例題 5-3

例題 4-6 中所提到的環戊二烯和苯醌之間的反應可簡寫如下：

$$C + B \rightarrow 加合物 \quad\text{...(5-29)}$$

25°C 時的反應速率式為

$$-r_B = kC_B C_C \quad\text{...(5-30)}$$

其中的速率常數 k 值為 $9.92 \times 10^{-3} \, \text{m}^3 /(\text{kg-mol} \cdot \text{s})$。這樣的化學反應置於一體積為 $2.20 \, \text{m}^3$ 的塞流反應器中進行。進料速率是 $1.111 \times 10^{-4} \, \text{m}^3 / \text{s}$，進料處 B 和 C 的濃度都是 $0.1 \, \text{kg-mol}/\text{m}^3$。請利用圖 5-5，找出下列諸問題的答案。

(1) 出口處的轉化率為多少？

(2) 如果要得到相同的轉化率，用一個連續攪拌槽反應器代替塞流反應器時，其體積應如何？

(3) 如果攪拌槽反應器的體積和塞流反應器的體積相等時，它的出口轉化率如何？

(4) 如果用兩個體積相等的攪拌槽（每個攪拌槽的體積如(2)的體積）串聯時，要得到相同的轉化率，其進料速率可為(2)的幾倍？

(5) 如果進料速率和(2)的相同時，這兩個串聯攪拌槽最後出口的轉化率為多少？

🔑 解：

因為 C 和 B 反應的化學計量數相等，又進料濃度一致，式(5-30)可寫成

$$-r_B = kC_B^2 \quad\text{..(5-31)}$$

(1) 反應器的空間時間為

$$\tau = \frac{V}{v_0} = \frac{2.20}{1.111 \times 10^{-4}} = 1.980 \times 10^4 \, \text{s} \quad \text{...(5-32)}$$

無因次 $k\tau C_{B0}$ 的值為

$$k\tau C_{B0} = (9.92 \times 10^{-3})(1.980 \times 10^4)(0.1) = 19.6 \quad \text{............................(5-33)}$$

圖 5-5 中，塞流反應器的線就是 ∞ 個攪拌槽串聯的線（其總體積和塞流反應器之體積相等）。$k\tau C_{B0} = 19.6$ 之線與橫軸相交於

$$1 - X_B = 0.05 \quad \text{...(5-34)}$$

因此

$$X_B = 0.95 \quad \text{..(5-35)}$$

(2) 一個攪拌槽 $(N=1)$ 和 $1 - X_B = 0.05$ 的線相交於

$$\left(\frac{C_{B0}^2 V}{F_{B0}} \right)_{N=1} \bigg/ \left(\frac{C_{B0}^2 V}{F_{B0}} \right)_P = 18 \quad \text{..(5-36)}$$

因為攪拌槽反應器和塞流反應器的進料濃度 C_{B0} 和進料摩爾速率 F_{B0} 都一樣，所以

$$\frac{V_{N=1}}{V_P} = 18 \quad \text{...(5-37)}$$

$$V_{N=1} = 18 \times V_P = 18 \times 2.2 = 39.6 \, \text{m}^3 \quad \text{...(5-38)}$$

(3) 如果攪拌槽反應器和塞流反應器體積相等時，其 $k\tau C_{B0}$ 值不變仍為 19.6，此線和 N=1 交於

$$1 - X_B = 0.22 \dots\dots\dots\dots\dots\dots\dots\dots\dots\dots\dots (5\text{-}39)$$

即

$$X_B = 0.78 \dots\dots\dots\dots\dots\dots\dots\dots\dots\dots\dots\dots (5\text{-}40)$$

(4) 由圖 5-5，可得 $X_B = 0.95$，$N=1$ 時，$k\tau C_{B0} = 350$，而 $X_B = 0.95$，$N = 2$ 時 $k\tau C_{B0} = 70$。

$$\frac{(k\tau C_{B0})_{N=2}}{(k\tau C_{B0})_{N=1}} = \frac{\tau_{N=2}}{\tau_{N=1}} = \frac{70}{350} = 0.20 \dots\dots\dots\dots\dots\dots (5\text{-}41)$$

因為 $\tau = V / v_0$，且 $(kC_{B0})_{N=2} = (kC_{B0})_{N=1}$，所以

$$\frac{(V / v_0)_{N=2}}{(V / v_0)_{N=1}} = 0.2 \dots\dots\dots\dots\dots\dots\dots\dots\dots\dots (5\text{-}42)$$

而 $V_{N=2} = 2V_{N=1}$

$$\frac{(v_0)_{N=2}}{(v_0)_{N=2}} = \frac{2}{0.2} = 10 \dots\dots\dots\dots\dots\dots\dots\dots\dots\dots (5\text{-}43)$$

(5) 進料速率相同且兩個同體積的攪拌槽串聯時，其 $k\tau C_{B0}$ 為一個攪拌槽的兩倍

$$(k\tau C_{B0})_{N=2} = 2 \times 350 = 700 \dots\dots\dots\dots\dots\dots\dots\dots (5\text{-}44)$$

由圖 5-5 可知 $(k\tau C_{B0})_{N=2} = 700$ 和 $N = 2$ 的交點在

$$1 - X_B = 0.012 \quad\text{.. (5-45)}$$

即

$$X_B = 0.988 \quad\text{.. (5-46)}$$

⟐ 5-4-3 不同反應器的串聯

若不同的反應器串聯在一起（攪拌槽、塞流反應器、攪拌槽）如圖 5-8 所示時，其方程式分別為

$$\frac{V_1}{F_{A0}} = \frac{X_{A1} - X_{A0}}{(-r_A)} \quad , \quad \frac{V_2}{F_{A0}} = \int_{X_{A1}}^{X_{A2}} \frac{dX_A}{(-r_A)} \quad , \quad \frac{V_3}{F_{A0}} = \frac{X_{A3} - X_{A2}}{(-r_A)} \text{ .... (5-47)}$$

式(5-47)的關係則表示在圖 5-9 中。

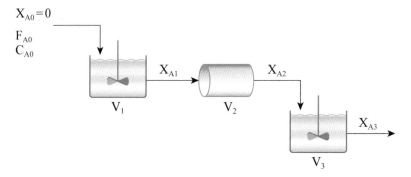

▶圖 5-8　不同反應器串聯（依攪拌槽、塞流反應器和攪拌槽之順序）

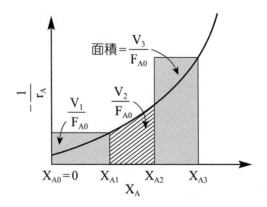

▶圖 5-9　圖解法表示不同反應器串聯後的操作情形

🔒 **例題 5-4**

如果例題 4-2 的一階化學反應($-r_A = 0.5\,C_A\,mol/m^3 \cdot s$)先在一個連續攪拌槽(CSTR)中進行，接著在一個塞流反應器(PFR)中進行（即 CSTR 與 PFR 串聯），如圖 5-10 所示。CSTR 與 PFR 的體積相等，都是 $0.5\,m^3$ 。其他條件與例題 4-2 一樣：定容反應且 $v_0 = 1\,m^3/s$ ， $X_{A0} = 0$ ， $C_{A0} = 1\,mol/m^3$ 。請求出塞流反應器出口的轉化率 X_{A2} 值。

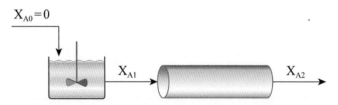

▶圖 5-10　連續攪拌槽與塞流反應器串聯

👤 **解：**

先求出連續攪拌槽出口轉化率 X_{A1} 的值

$$\tau = \frac{V}{v_0} = \frac{C_{A0}(X_{A1} - X_{A0})}{(-r_A)} \quad\text{.. (5-48)}$$

代入數據

$$\frac{0.5}{1} = \frac{1 \cdot (X_{A1} - 0)}{0.5 \cdot 1 \cdot (1 - X_{A1})} \quad \text{...} (5\text{-}49)$$

可以求得

$$X_{A1} = 0.2 \quad \text{...} (5\text{-}50)$$

再求塞流反應器出口轉化率 X_{A2} 的值

塞流反應器的設計方程式是

$$\tau = \frac{V}{v_0} = \int_{X_{A1}}^{X_{A2}} \frac{dX_A}{(-r_A)} \quad \text{...} (5\text{-}51)$$

代入相關數據

$$\frac{0.5}{1} = \int_{0.2}^{X_{A2}} \frac{dX_A}{0.5 \cdot 1 \cdot (1 - X_A)} \quad \text{...............................} (5\text{-}52)$$

可以求出 X_{A2} 的值為

$$X_{A2} = 0.377 \quad \text{...} (5\text{-}53)$$

🔒 **例題 5-5**

　　如將例題 5-4 的反應器串聯方式改變一下，把塞流反應器擺在前面，而連續攪拌槽擺在後面，如圖 5-11 所示。請求出最後出口的轉化率 X_{A2} 值。

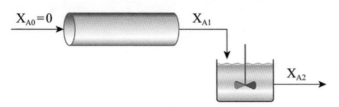

▶圖 5-11　例題 5-5 的示意圖

解：

先求塞流反應器的出口轉化率 X_{A1}

塞流反應器的設計方程式是

$$\tau = \frac{V}{v_0} = \int_{X_{A0}}^{X_{A1}} \frac{dX_A}{(-r_A)} \quad\text{... (5-54)}$$

代入數據

$$\frac{0.5}{1} = \int_0^{X_{A1}} \frac{dX_A}{0.5 \cdot 1 \cdot (1 - X_A)} \quad\text{.. (5-55)}$$

最後可求出 X_{A1} 的值為

$$X_{A1} = 0.221 \quad\text{... (5-56)}$$

再求連續攪拌槽的出口轉化率 X_{A2}

連續攪拌槽的設計方程式是

$$\tau = \frac{V}{v_0} = \frac{C_{A0}(X_{A2} - X_{A1})}{(-r_A)} \quad\text{... (5-57)}$$

將數據代入上式

$$\frac{0.5}{1} = \frac{1 \cdot (X_{A2} - 0.221)}{0.5 \cdot 1 \cdot (1 - X_{A2})} \quad\text{... (5-58)}$$

求得

$$X_{A2} = 0.377 \quad\text{..}\quad (5\text{-}59)$$

比較例題 5-4 與例題 5-5 的結果可知，在一階反應的情況下，相等體積的連續攪拌槽與塞流反應器串聯，不管是連續攪拌槽在前或在後，最後出口的轉化率都一樣。

● 5-5　複雜反應的反應器設計

處理單一的化學反應時，我們只用一個反應速率式就夠了。而處理複雜反應時，則需兩個以上的速率式才夠。單一反應時，我們注意到的是轉化率，因為在特定的反應器中，轉化率與反應器體積都有一定的關係。因此，實際上是我們注意到反應器體積的大小了。當然，我們是希望轉化率愈高愈好，反應器體積愈小愈好。在複雜反應的情況下，轉化率愈高，並不保證我們所要的產品會愈多，因為同一反應物會產生不同的生成物，其中有些是希望得到的，有些是不想要的。換句話說，這就是生成物的分配問題了。有時轉化率高時，希望產品生成率低，在這個情況下，這兩個原則必須互相妥協，經由經濟效益分析，找出一個較佳的操作點。

為了說明生成物的分配問題，有四個名詞：點產率、總產率、點選擇率和總選擇率，必須在這裡提出解釋。

假設在一個複雜反應中，A 是反應物；R 是希望產物；S 是不希望產物。在反應器內任一地點，希望產物 R 的生成速率與反應物 A 消失速率之比值稱為點產率 Y_R。

$$Y_R = \frac{R\text{生成率}}{A\text{消失率}} = \frac{dC_R/dt}{-dC_A/dt} \quad\text{..}\quad (5\text{-}60)$$

在某一反應器內，所有 R 生成量對所有 A 消失量之比值稱之為總產率 $\tilde{Y}_R$。

$$\tilde{Y}_R = \frac{R\ \text{總生成量}}{A\ \text{總消失量}} = \frac{C_{Rf}}{C_{A0} - C_{Af}} \quad\text{...}\text{(5-61)}$$

點選擇率 S_{RS} 是，在反應器內任一點，希望產物 R 生成速率與不希望產物 S 生成速率之比值

$$S_{RS} = \frac{R\ \text{生成率}}{S\ \text{生成率}} = \frac{dC_R / dt}{dC_S / dt} \quad\text{.......................................}\text{(5-62)}$$

總選擇率 S_{RS} 是在某一個反應器內所有 R 生成量對所有 S 生成量之比值。

$$\tilde{S}_R = \frac{R\ \text{總生成量}}{S\ \text{總生成量}} = \frac{C_{Rf}}{C_{Sf}} \quad\text{...................................}\text{(5-63)}$$

產率與選擇率之間有一定的關係存在。

🖉 5-5-1 並行反應

複雜反應之反應器設計最重要目標在，獲得最多的希望產品，最少的不希望產品。

假設並行不可逆反應

$$A \xrightarrow{\ k_1\ } R \qquad （希望產品）\text{..}\text{(5-64a)}$$

$$A \xrightarrow{\ k_2\ } S \qquad （不希望產品）\text{....................................}\text{(5-64b)}$$

速率方程式為

$$r_R = \frac{dC_R}{dt} = k_1 C_A^{a_1} \quad\text{...}\text{(5-65a)}$$

$$r_S = \frac{dC_S}{dt} = k_2 C_A^{a_2} \quad .... \text{(5-65b)}$$

以式(5-65a)除以(5-65b)得

$$S_{RS} = \frac{r_R}{r_S} = \frac{dC_R}{dC_S} = \frac{k_1}{k_2} C_A^{a_1 - a_2} \quad .... \text{(5-66)}$$

此為 R 和 S 生成速率之比值。因為 R 為希望產品，S 為不希望產品，所以 S_{RS} 的值愈大愈好。

在某一個固定溫度下，k_1、k_2、a_1 和 a_2 均為定值。為求 S_{RS} 值的上升，只有求諸 C_A 值的變動了。如果 $a_1 - a_2 > 0$，為求 S_{RS} 值的增加，則須提高 C_A 值。C_A 值的上升可以下面的方法促成：使用塞流反應器、維持低轉化率或降低進料處的惰性物質，若是氣相反應則可增加總壓力。反之，如果 $a_1 - a_2 < 0$，則須降低 C_A 值。這可以用下面的方法達到目的：使用連續攪拌槽、維持高轉化率或增加進料處的惰性物質，若是氣相反應則可以降低整體壓力。

如果 $a_2 - a_1 = 0$ 時

$$S_{RS} = \frac{k_1}{k_2} = 定值 \quad .... \text{(5-67)}$$

S_{RS} 值不受反應物濃度的影響，則反應器的形態並無法改變 S_{RS} 的值。在此情況下如何提高 S_{RS} 值呢？可以改變反應溫度或利用觸媒。

第二章中已知：

$$k_1 = k_{10} \exp(-E_1 / R_g T) \quad .... \text{(5-68)}$$

$$k_2 = k_{20} \exp(-E_2 / R_g T) \quad .... \text{(5-69)}$$

以式(5-68)除以式(5-69)得

$$S_{RS} = \frac{k_1}{k_2} = \frac{k_{10}}{k_{20}} \exp[-(E_1 - E_2)/R_g T] \quad\text{.......................................}(5\text{-}70)$$

若 $E_1 > E_2$，則提高溫度可提高 S_{RS} 的值。反之 $E_1 < E_2$ 則降低溫度才能提高 S_{RS} 的值。

觸媒的使用，常會使某一反應加快或另一反應減慢，因此在反應式(5-64)的情況下，所須尋找的觸媒必須能使反應式(5-64a)加速或使反應式(5-64b)減慢。

下面我們再來看另外一種並行反應。

$$A + B \xrightarrow{\ k_1\ } R \qquad （希望產品） \quad\text{..}(5\text{-}71a)$$

$$A + B \xrightarrow{\ k_2\ } S \qquad （不希望產品） \quad\text{...................................}(5\text{-}71b)$$

其速率方程式分別為

$$r_R = \frac{dC_R}{dt} = k_1 C_A^{a_1} C_B^{b_1} \quad\text{...}(5\text{-}72a)$$

$$r_S = \frac{dC_S}{dt} = k_2 C_A^{a_2} C_B^{b_2} \quad\text{..}(5\text{-}72b)$$

其點選擇率 S_{RS} 為

$$S_{RS} = \frac{r_R}{r_S} = \frac{dC_R}{dC_S} = \frac{k_1}{k_2} C_A^{a_1 - a_2} C_B^{b_1 - b_2} \quad\text{...}(5\text{-}73)$$

提高 S_{RS} 值的方法和前面討論過的一樣。

上面已討論過，為使 R 產量增加及 S 產量減少時，必須控制 A 和 B 的濃度。A 和 B 濃度的控制則和 A、B 的接觸方式有關。下面我們要舉出幾種非連續式反應器和連續式反應器中的 A、B 接觸方式,並討論其中 A、B 濃度的情況。

　　如圖 5-12(a)所示,A 和 B 急速倒入,而反應並非快到能立刻把 A 和 B 反應掉。因此,A 和 B 的濃度均高。圖 5-12(b)中因為 A 和 B 均緩慢倒入,槽中的反應可以把 A 和 B 消耗掉,因此 A 和 B 的濃度均低。瞭解圖 5-12(a)和圖 5-12(b)後,很自然的我們能理解在圖 5-12(c)中 A 濃度高而 B 濃度低的原因了。

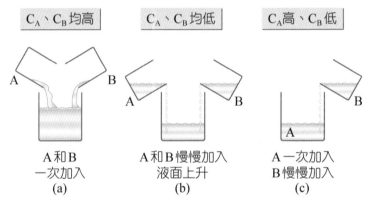

▶圖 5-12　非連續式反應器中 A 和 B 的幾種接觸方式[7]

　　圖 5-13 所示為連續式反應器。圖 5-13(a)所示的是,A 和 B 由一開始的入口處進入,且前後沒有攪拌,所以 A 和 B 的濃度緩緩下降,A 和 B 的濃度相對較高。圖 5-13(b)所示為,當 A 和 B 流入攪拌槽後,濃度即刻降至和出口處相同,因此 A 和 B 的濃度均低。圖 5-13(c)所示的接觸方式中,B 加入反應器後立即被反應掉,所以 B 的濃度低。圖 5-13(c)和圖 5-12(c)相似,只是 A 在圖 5-13(c)中會流動,而在圖 5-12(c)中不動而已。

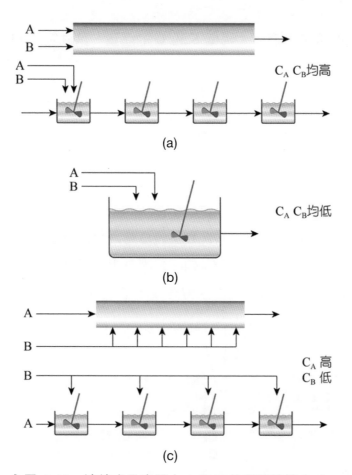

▶圖 5-13　連續式反應器中 A 和 B 的幾種接觸方式

🔒 例題 5-6

　　A 和 B 的液相反應，不只生成所希望的 R 和 T，並且生成不希望的 S 和 U。其反應方程式和速率方程式分別為

$$A+B\xrightarrow{\ k_1\ }R+T \qquad r_R=\frac{dC_R}{dt}=\frac{dC_T}{dt}=k_1C_AC_B^{0.5} \quad\text{...................(5-74a)}$$

$$A+B\xrightarrow{\ k_2\ }S+U \qquad r_S=\frac{dC_S}{dt}=\frac{dC_U}{dt}=k_2C_A^{0.3}C_B^{1.7} \quad\text{.................(5-74b)}$$

若要提高 R 和 T 的產量,降低 S 和 U 的產量,請就圖 5-13 的接觸方式中討論其優先順序。

解:

以式(5-74a)除以式(5-74b)得

$$S_{RS} = \frac{r_R}{r_S} = \frac{k_1}{k_2} C_A^{0.7} C_B^{-1.2} \quad\text{...}\quad (5\text{-}75)$$

對 A 來說,反應階數為+0.7,對 B 來說反應階數為-1.2,因此為達到最大的 S_{RS} 值必須提高 C_A 值和降低 C_B 值。又因為 B 的階數較 A 的階數為高,因此降低 B 濃度比升高 A 濃度來得有效。圖 5-14 所示為優先順序。

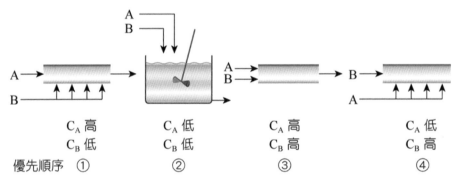

▶圖 5-14　例題 5-6 接觸方式的優先順序

以上為定性討論,若對量的研究有興趣時,可參閱參考文獻 7。

➤ 5-5-2　串行反應

本節中將侷限於討論一特別的光化學反應:

$$A \xrightarrow{\ k_1\ } C \xrightarrow{\ k_2\ } D \quad\text{..}\quad (5\text{-}76)$$

假設此反應僅在有光的照射下才能進行。光源移去後，立即停止。其速率方程式為

$$r_A = -k_1 C_A \quad\text{..(5-77a)}$$

$$r_C = k_1 C_A - k_2 C_C \quad\text{.. (5-77b)}$$

$$r_D = k_2 C_C \quad\text{...(5-77c)}$$

假設光的照射方法有兩種，分別如圖 5-15 和圖 5-16 所示。此兩種照射法所得到 C 和 D 的濃度分布情形不會一樣。

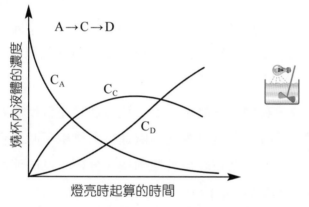

▶圖 5-15　反應器被均勻照射時的濃度和時間關係圖[7]

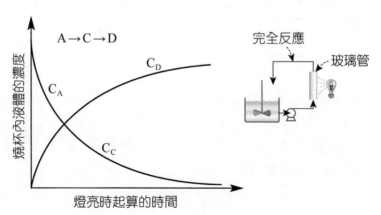

▶圖 5-16　在某時間只有部分流體被照射時的濃度和時間關係圖[7]

在圖 5-15 的情況下，A 首先被照射成 C。因為 A 的濃度比 C 的濃度高，由式(5-77)觀之，大部分的光能會被吸收來分解 A，少部分用來改變 C 成 D。C 的形成速率比消失速率大，所以在初期是 A 消失，C 形成速率較 D 形成速率快。等到 C_A 小到某一個程度，而 C_C 大到某一個程度，使式(5-77b)的 r_C 成為負值後 C 的濃度才開始下降。

圖 5-16 的照射方法是，把混合物的一部分，連續抽到一旁加以照射反應，再送回攪拌槽中。在攪拌槽旁的玻璃管中，混合物的量較少而接受到的能量和前者一致。因此有足夠的能量使 A 變成 C 後再變成 D，所以 C 在生成後到消失前的時間極短。離開玻璃管時 C 已大部分變成 D 了。另一個解釋方法是：反應物 A 流入玻璃管中反應，第一步反應後 A 的濃度即刻減到很低，因此生成的 C，可把照射進來的能量完全用來轉變成 D。流體流出玻璃管後，幾乎已完全變成 D，再流回攪拌槽和反應物混合。其濃度分布情形如圖 5-16 所示。

總括以上的討論，我們不難發現，第一種方法是整個反應在均勻狀態中慢慢進行。第二種方法則是反應在別處進行，槽中不時混合著產品和生成物。二者最大的不同點在於後者把兩個成分極不同的流體混在一起。此為降低中間產品濃度的最佳方式。

🔒 例題 5-7

有一光化學反應如下：

$$A \xrightarrow{\;光\;} C \xrightarrow{\;光\;} D \quad\text{.. (5-78)}$$

若我們希望有多量的 C 產生，圖 5-17 有兩種裝置，試就每種裝置中選出較適宜的形式，並簡要說明之。

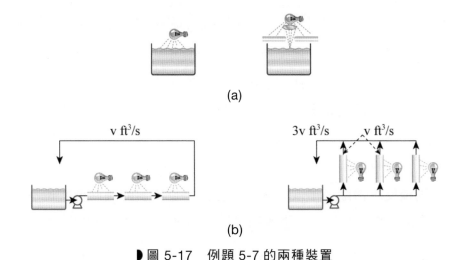

(a)

(b)

▶ 圖 5-17　例題 5-7 的兩種裝置

🗐 解：

(1) 若反應極慢，二者均可。若反應很快，則以第一者為佳。因為第二者把能量集中於某處，使該處成分和他處不同，這樣容易使 C 成分降低。

(2) 若反應極慢，二者均可。若反應很快，則以第二者為佳。因為第二個方法中流回槽內的轉化率只有第一者的三分之一。如第一個方法中流回的流體和槽內流體的濃度差，比第二法中的濃度差為大。所以第二法所產生的 C 量較多。

● 5-6　反應器的選擇

　　在第四章中，我們已經對連續攪拌槽和塞流反應器加以說明。在這一章，我們又討論了複合反應的反應行為和不同反應器中的濃度分布情形。有了這些認知以後，現在，我們可以對連續攪拌槽和塞流反應器加以比較，並且對反應器選擇的要領加以討論。

　　由連續攪拌槽的觀點來看，反應物進入反應器以後，濃度立即降低至與器內或出口的濃度一樣。也就是說整個系統只有兩個濃度：一個是攪拌槽進口的濃度，另一個則是出口的濃度，出口濃度就是反應器內的濃度。塞流反應器則完全不一樣，物料由進料口進入反應器後，反應物濃度逐漸降低，到出口時，反應物濃度降到最低點，產物濃度則升到最高點。由於每個位置的濃度不一樣，化學反應速率自然不會一致。

　　這兩種反應器除了濃度分布不一樣外，反應器的幾何形狀也不同，加熱或冷卻效果也互異。以下幾點可以作為選擇反應器時的參考。

1. 反應物如具有爆炸性，最好選用連續攪拌槽。因為反應物進入反應器後濃度立即降低，可以降低爆炸的危險。

2. 如果化學反應需要在高溫下等溫操作時，用連續攪拌槽為宜。因為連續攪拌槽攪拌情形良好，槽內溫度容易維持一致，不隨時間及地點而改變。

3. 當副反應與主反應同時發生時，副反應的階數高於主反應的階數時，使用連續攪拌槽。例如 A 和 B 產生下面兩個反應：

$$A + B \rightarrow R \qquad \frac{dC_R}{dt} = k_2 C_A C_B \quad\dotfill\quad (5\text{-}79)$$

$$2A + B \rightarrow S \qquad \frac{dC_S}{dt} = k_3 C_A^2 C_B \quad\dotfill\quad (5\text{-}80)$$

第一個反應是主反應，R 是希望產品；第二個反應則是副反應，S 是不希望產品。R 和 S 的產生速率比如下：

$$\frac{dC_R / dt}{dC_S / dt} = \frac{k_2}{k_3} C_A^{-1} \quad\dotfill\quad (5\text{-}81)$$

為了要使 R 的產率快一點，最好是降低反應物 A 的濃度。而連續攪拌槽則符合了這個要求。

4. 塞流反應器比較適合於氣相反應。

5. 塞流反應器比較適合於高壓反應。

6. 若系列反應的中間產物是希望的生成物時，使用塞流反應器。

例如下面的反應：

$$A \rightarrow B \rightarrow C \quad\text{..} \quad (5\text{-}82)$$

當反應物剛進入塞流反應器時，第一個步驟剛開始，B 的濃度不高。第二個步驟轉化率很低。反應物、中間物和生成物的混合物往出口移動時，B 的濃度逐漸升高，第二個反應的速率也會逐漸提高。但是我們可以在這個時候讓混合物離開反應器，停止反應。這樣我們可以得到較多的 B。

● 5-7　重點回顧

在這一章裡面，我們比較了批式反應器、連續攪拌槽反應器和塞流反應器。用圖示法來比較，也用設計方程式來比較它們的體積。

反應器有不同的形狀，可以並聯、串聯或同時並聯串聯。在這一章裡面也討論到這個情況。

除了反應器有不同的構造及形狀外，反應本身也有不簡單的形態。複雜反應的反應器設計在這一章裡面也談到了。

最後我們對連續攪拌槽與塞流反應器作一番選擇與比較。

習題

1. 有一反應系統

$$A + B \rightarrow R + T \quad\text{...} (5\text{-}83)$$

$$A + B \rightarrow S + U \quad\text{...} (5\text{-}84)$$

如果要求取高濃度的 A 和低濃度的 B，試問圖 5-18 的兩種反應裝置何者為佳？

(a)　　　　　　　　　　　　　　(b)

▶圖 5-18　習題 1 的兩種反應裝置

2. 假設複雜反應如下：

$$A \xrightarrow{\ k_1\ } R \qquad (\text{希望產品}) \qquad r_R = k_1 C_A \quad\text{......................} (5\text{-}85)$$

$$A \xrightarrow{\ k_2\ } S \qquad (\text{不希望產品}) \qquad r_S = k_2 C_A^2 \quad\text{......................} (5\text{-}86)$$

(1) 應該提高反應溫度或降低反應溫度才能得到較多的 R？

(2) 應該提高 A 的濃度或降低 A 的濃度才能得到較多的 R？

3. 假設有三個塞流反應器，其連接如圖 5-19 所示，試問 X_{A2} 等於 X_{A3} 嗎？為什麼？

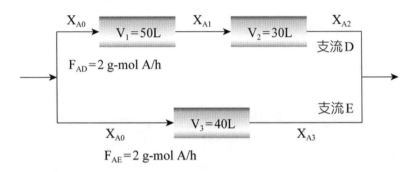

▶圖 5-19　習題 3 的三個塞流反應器

4. 假設進料濃度為 $C_{A0} = 0.1\,g\text{-}mol/L$ ，反應物 A 之進料率為 $F_{A0} = 0.1\,g\text{-}mol/min$ 。下列反應如在 1L 的塞流反應器中進行，可達 0.9 的轉化率。若改以連續攪拌槽進行，請問體積應該多大才能維持 0.9 的轉化率？

(1) 液相反應 $A \rightarrow 2R$ ， $-r_A = k$

(2) 液相反應 $2A \rightarrow R$ ， $-r_A = kC_A^2$

(3) 液相反應 $A \rightarrow 2R$ ， $-r_A = kC_A^{-1}$

5. 有一液相反應 $A + B \rightarrow R + S$ ， $-r_A = 100C_A C_B\ g\text{-}mol/(L \cdot min)$ ， C_A 和 C_B 的單位都是 $g\text{-}mol/min$ ，在一個 1L 的連續攪拌槽中進行，進料流量為 $v_0 = 0.1\,L/min$ ，進料反應物之濃度為 $C_{A0} = C_{B0} = 0.01\,g\text{-}mol/L$ 。

(1) 求反應物之轉化率 X_A 。

(2) 若反應是在一個塞流反應器中進行，欲得 (1) 項中之轉化率，應該用多大的反應器？

(3) 若反應改在一個塞流反應器中進行，轉化率為多少？

(4) 若改用兩個串聯在一起的連續攪拌槽（體積都是 0.5 L），求轉化率 X_A 的值。

(5) 若(4)項中之反應器並聯使用，每個反應器之進料流量皆為 0.05 L/min，求轉化率 X_A。

6. 有一連續攪拌槽和塞流反應器串聯，可作如圖 5-20 之安排

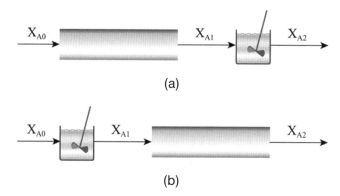

(a)

(b)

▶圖 5-20　連續攪拌槽和塞流反應器串聯的兩種聯結方法

(1) 若反應為一階不可逆反應，$\tau_P = \tau_{CSTR} = 1$，$k = 1$，$X_{A0} = 0$，$C_{A0} = 1$ 時，求上面兩種情況下 X_{A2} 的值。

(2) 若反應為二階不可逆反應，$\tau_P = \tau_{CSTR} = 1$，$k = 1$，$X_{A0} = 0$，$C_{A0} = 1$ 時，求上面兩種情況下 X_{A2} 的值。

(3) 由(1)和(2)所得的 X_{A2} 值，比較情況(1)和情況(2)之優劣。

7. 有一反應物 A，產生化學反應時是二階反應。將 A 置於一塞流反應器中進行反應，出口的轉化率為 0.95。若買另一完全相同的塞流反應器與之串聯，則生產能力(production capacity)增加若干？與之並聯時為何？反應器全部是連續攪拌槽時又如何（考慮串聯和並聯兩種情況）？

8. 某工廠有兩個不同大小的連續攪拌槽（體積為 V_1 和 V_2），今欲利用它們來生產某一產品 C，反應是一階的：

$$A \rightarrow C \quad\text{...} (5\text{-}87)$$

為求最大的生產速率，試找出最佳的連接方式。若反應器是塞流式時，情況為何？

9. 某工廠以一塞流反應器進行一液相反應

$$A + B \rightarrow C + D \quad\text{...} (5\text{-}88)$$

進料時 A 和 B 的摩爾數相同，即 $C_{A0} = C_{B0} = 1\,g\text{-}mol/L$。出口的轉化率為 0.9。為求提高產量，將一連續攪拌槽（其體積為塞流反應器的十倍）與之串聯。此二反應器何者須置於前面，何者須置於後面。又改裝後組合的產量為原先的幾倍？

10. 有兩個大小相同而串聯的連續攪拌槽，被用來當作某種酯類(ester) $R \cdot COOR'$ 水解反應的反應器，反應式如下所示：

$$R \cdot COOR' + NaOH \rightarrow R \cdot COONa + R'OH$$
$$(\quad A \quad + \quad B \quad \rightarrow \quad C \quad + \quad D \quad) \quad\text{........................} (5\text{-}89)$$

$$-r_A = kC_A C_B \quad\text{.......................................} (5\text{-}90)$$

$$k = 2.0\,L/(g\text{-}mol \cdot min) \quad\text{.........................} (5\text{-}91)$$

$R \cdot COOR'$ 的進料速率為 200 L/min，濃度為 0.02 g-mol/L。NaOH 過量，進料速率是 50 L/min，濃度為 1.0 g-mol/L。為達到 0.95 的出口轉化率，攪拌槽的體積須為若干？

11. 某一液相反應 A→C 在 25°C 時的速率方程式為

$$-r_A = 0.158\,C_A \text{ g-mol}/(\text{cm}^3 \cdot \text{min}) \text{ .... (5-92)}$$

其中 C_A 的單位是 $\text{g-mol}/\text{cm}^3$。進料速率 v_0 為 $500\,\text{cm}^3/\text{min}$，進料濃度是 $C_{A0} = 1.5 \times 10^{-4}\,\text{g-mol}/\text{cm}^3$，轉化率 $X_{A0} = 0$。今庫存有兩個 2.5 L 和一個 5 L 的連續攪拌槽。

(1) 若將兩個 2.5 L 的攪拌槽串聯，和一個 5 L 的攪拌槽相較，何者有較高的轉化率？

(2) 若將進料分成兩支，每支進料速率為 $250\,\text{cm}^3/\text{min}$，各通入 2.5 L 的連續攪拌槽，出料處再將兩者合併，其轉化率為何？

(3) 若(1)和(2)的情況不變，而反應器以塞流反應器代之，其轉化率為何？

(4) 將 2.5 L 的塞流反應器置於 2.5 L 的連續攪拌槽之後，最後的轉化率為何？

12. 有一不可逆一階化學反應在定壓和定容的情況下進行。進料容積速率為 v_0。今庫存兩個連續攪拌槽，其體積分別為 V_1 和 $2V_1$。下列四種安排，何者有最大的生產速率？

(1) 二者並聯，有相同的空間時間。

(2) 二者並聯，不同的空間時間。

(3) 二者串聯，大攪拌槽在前。

(4) 二者串聯，小攪拌槽在前。

13. 某工廠生產產品 C 的速率為 40 kg-mol/h。反應是一階反應 A→C，在一連續攪拌槽中進行。進料濃度 C_{A0} 為 $1\,kg\text{-}mol/m^3$。出料口的轉化率為 0.98。因此，必須將其通過萃取塔分離 A 和 C。本程序的固定成本和操作成本總合為 NT\$2,000/h，反應物 A 的價格為 NT\$100/kg-mol，而產品 C 的售價是 NT\$132/kg-mol。

    (1) 試求目前每小時的利潤為何？

    (2) 若萃取塔可隨意修改，應如何操作（A 的進料速率、A 的轉化率和 C 的生產率）才能得到最大的利潤？

14. 某工廠希望由流速為 20,000 L/day 的廢水中提取有用的化學品 R，廢水中 A 的含量為 0.01 g-mol/L。我們須將含有 A 的廢水引入一連續攪拌槽中，使之水解成為有價值的 R。假設分離 A 和 R 的成本可以忽略不計，而 R 的售價為 NT\$100/g-mol，為求最大的利潤，反應器的大小及轉化率應為若干？固定成本為 $NT\$22,500\ V^{\frac{1}{2}}/year$（V 的單位是 L）。操作成本為 NT\$2,000／操作天。每年有三百個操作天。水解反應是一階反應。

$$A \rightarrow R \text{ , } -r_A = 0.25\,C_A \text{ g-mol}/(h\cdot L) \quad\text{.....................................} (5\text{-}93)$$

15. A 和 B 會造成如下的反應

$$A + B \rightarrow R\cdots\cdots r_1 \quad（希望產品）\quad\text{.................................} (5\text{-}94)$$

$$A + B \rightarrow S\cdots\cdots r_2 \quad（不希望產品）\quad\text{.............................} (5\text{-}95)$$

我們希望能產生多一點 R 及少一點 S。假設 A 和 B 的濃度為已知，並將之分別加入反應器中。試找出在下列的情況下最佳的連續式反應器和非連續式反應器：

(1) $r_1 = k_1 C_A C_B^2$　　　　　　　　　(2) $r_1 = k_1 C_A C_B$

$$r_2 = k_2 C_A C_B \qquad\qquad r_2 = k_2 C_A C_B^2$$

16. 化學品 A 在一容積為 20 L 的連續攪拌槽中分解為 R 和 S：

$$A \to R \text{，} \qquad r_R = k_1 C_A = (4/h) C_A \dotfill (5\text{-}96)$$

$$A \to S \text{，} \qquad r_S = k_2 C_A = (1/h) C_A \dotfill (5\text{-}97)$$

進料濃度為 $C_{A0} = 1\,g\text{-}mol/L$。此濃度的 A 成本為 NT\$100/g-mol。R 的售價是 NT\$500/g-mol，S 為廢物。整個系統的操作成本是 NT\$2,500/h+NT\$125/g-mol A 進料。未轉化的 A 丟棄不用。請問要得到最高的利潤時，進料速率應該是多少？

17. A 和 B 的液相反應不只生成所希望的 R 和 T，並且生成不希望的 S 和 U。其反應方程式和速率方程式分別為

$$A + B \xrightarrow{\ k_1\ } R + T \text{，} \qquad r_R = \frac{dC_R}{dt} = \frac{dC_T}{dt} = k_1 C_A C_B^{0.3} \dotfill (5\text{-}98)$$

$$A + B \xrightarrow{\ k_2\ } S + U \text{，} \qquad r_S = \frac{dC_S}{dt} = \frac{dC_U}{dt} = k_2 C_A^{0.5} C_B^{1.8} \dotfill (5\text{-}99)$$

若要增加 R 和 T 的產量，減低 S 和 U 的產量，我們應如何因應？試討論之。

參考文獻

1. Aris, R, "Elementary Chemical Reactor Analysis" (1976).

2. Carberry, J.J., "Chemical and Catalytic Reaction Engineering" (1976).

3. Coulson, J.M. and J.F. Richardson, "Chemical Engineering" Vol.III (1971).

4. Fogler, H.S., "Elements of Chemical Reaction Engineering" 2nd Ed. (1992).

5. Holland, C.D. and R.G. Anthony, "Fundamentals of Chemical Reaction Engineering" (1979).

6. Hougen, O.A. and K.M. Watson, "Chemical Process Principles, Part III Kinetics and Catalysis" (1973).

7. Levenspiel, O., "Chemical Reaction Engineering", 2nd Ed. (1972).

8. Perry, J.H., "Chemical Engineers' Handbook", 4th Ed. (1963).

9. Smith, J .M., "Chemical Engineering Kinetics", 2nd Ed. (1970).

MEMO

CH **06** 匀相反應器的溫度
效應

● 6-1　　概　述

　　能夠影響某一化學反應轉化率和複雜反應產品分布(distribution of products)的因素，除了反應器的形式和大小外，還有反應溫度。

　　反應溫度會影響平衡、轉化率、反應速率和產品分布。而影響反應器內溫度的重要因素有：化學反應熱的大小和反應器對外熱交換的情形。為達到最適度的轉化率或產品分布，勢必考慮化學反應熱和反應器對外熱交換的狀況。

● 6-2　　化學反應之熱力學

6-2-1 反應熱

　　反應物濃度的高低、反應溫度、反應壓力和化學反應熱都會影響到化學反應時熱量放出或吸收的多寡。前三者可由外力加以控制，後者則無法控制，純粹由化學反應本身的性質而定。

　　如果化學反應寫成下面的形式時

$$aA \to rR + sS \qquad\qquad \Delta H_{rT} \quad\text{...} (6\text{-}1)$$

表示 a 個摩爾 A 分解成 r 個摩爾 R 和 s 個摩爾 S 的化學反應，在溫度 T 時的反應熱為 ΔH_{rT}。放熱反應時，ΔH_{rT} 為負，吸熱時為正。298 K 的化學反應熱通常可由生成熱 ΔH_f 或燃燒熱 ΔH_C 算出。運算方法及 ΔH_f 和 ΔH_C 的值可由一般質能均衡或化學熱力學的書找到。

實際上，化學反應不一定固定在 298 K，因此我們必須知道，如何算出其他溫度下，化學反應的反應熱。如果我們想要由溫度 T_1 的反應熱算出 T_2 的反應熱，可以利用下面的能量不滅定律：

$$\begin{bmatrix} 溫度為T_2時， \\ 化學反應吸 \\ 收的熱量 \end{bmatrix} = \begin{bmatrix} 溫度由T_2變成 \\ T_1時，反應物 \\ 熱量的變化 \end{bmatrix} + \begin{bmatrix} 溫度為T_1時， \\ 化學反應吸 \\ 收的熱量 \end{bmatrix} + \begin{bmatrix} 溫度由T_1變成 \\ T_2時，生成物 \\ 的熱量變化 \end{bmatrix} \dots (6\text{-}2)$$

如果用反應熱 ΔH 和焓 H 來表示，則上式可以寫成

$$\Delta H_{r2} = -(H_2 - H_1)_{reactants} + \Delta H_{r1} + (H_2 - H_1)_{products} \dots\dots\dots\dots\dots (6\text{-}3)$$

上式中，下標 1 和 2 分別表示了溫度 T_1 和 T_2。

式(6-3)右邊之第一項和第三項合併，並以比熱表示後，式(6-3)可以改寫成

$$\Delta H_{r2} = \Delta H_{r1} + \int_{T_1}^{T_2} \nabla C_P dT \dots\dots\dots\dots\dots\dots\dots\dots\dots\dots\dots (6\text{-}4)$$

上式中

$$\nabla C_P = rC_{PR} + sC_{PS} - aC_{PA} \dots\dots\dots\dots\dots\dots\dots\dots\dots\dots\dots (6\text{-}5)$$

一般來說，比熱與溫度的關係如下列諸式

$$C_{PA} = \alpha_A + \beta_A T + \gamma_A T^2 \dots\dots\dots\dots\dots\dots\dots\dots\dots\dots\dots (6\text{-}6a)$$

$$C_{PR} = \alpha_R + \beta_R T + \gamma_R T^2 \dots\dots\dots\dots\dots\dots\dots\dots\dots\dots\dots (6\text{-}6b)$$

$$C_{PS} = \alpha_S + \beta_S T + \gamma_S T^2 \dots\dots\dots\dots\dots\dots\dots\dots\dots\dots\dots (6\text{-}6c)$$

將式(6-6)代入式(6-5)，接著將式(6-5)代入式(6-4)整理後可得

$$\Delta H_{r2} = \Delta H_{r1} + \int_{T_1}^{T_2} (\nabla\alpha + \nabla\beta T + \nabla\gamma T^2)\, dT$$

$$= \Delta H_{r1} + \nabla\alpha\,(T_2 - T_1) + \frac{\nabla\beta}{2}\,(T_2^2 - T_1^2) + \frac{\nabla\gamma}{3}\,(T_2^3 - T_1^3) \quad\cdots\cdots\cdots (6\text{-}7)$$

式中

$$\nabla\alpha = r\alpha_R + s\alpha_S - a\alpha_A \quad\cdots\cdots\cdots\cdots\cdots\cdots\cdots\cdots\cdots\cdots (6\text{-}8a)$$

$$\nabla\beta = r\beta_R + s\beta_s - a\beta_A \quad\cdots\cdots\cdots\cdots\cdots\cdots\cdots\cdots\cdots\cdots (6\text{-}8b)$$

$$\nabla\gamma = r\gamma_R + s\gamma_s - a\gamma_A \quad\cdots\cdots\cdots\cdots\cdots\cdots\cdots\cdots\cdots\cdots (6\text{-}8c)$$

因此，我們可利用式(6-7)和溫度 T_1 的反應熱、反應物及生成物的比熱來算出溫度 T_2 的反應熱。

6-2-2 平衡常數

式(6-1)的化學反應會達到什麼樣的反應程度呢？也就是說，它的平衡轉化率是多少呢？要得到這個答案必須算出平衡轉化率的值。而平衡轉化率的值是由平衡常數的值算出來的。因此，下面要討論如何由化學熱力學來算出一個化學反應的平衡常數。

平衡常數 K 的值可由反應的標準自由能變化 $\Delta G°$ 算出，其關係如下

$$\Delta G° = -RT \ln K \quad\cdots\cdots\cdots\cdots\cdots\cdots\cdots\cdots\cdots\cdots\cdots\cdots\cdots\cdots\cdots (6\text{-}9)$$

或 $\quad\quad K = \exp(-\Delta G° / R_g T) \quad\cdots\cdots\cdots\cdots\cdots\cdots\cdots\cdots\cdots\cdots\cdots (6\text{-}10)$

上式中反應的標準自由能變化 $\Delta G°$ 可由各個反應物及生成物的標準自由能 $G_i°$ 算出

$$\Delta G° = rG°_R + sG°_S - aG°_A \quad\text{...(6-11)}$$

　　平衡常數 K 並非一成不變，而是受到反應溫度的影響。它們之間的關係如下：

　　由熱力學，我們可得平衡常數 K 和溫度 T 的關係。

$$\frac{d(\ln K)}{dT} = \frac{\Delta H_r}{R_g T^2} \quad\text{...(6-12)}$$

其中 ΔH_r 是反應熱，而 R_g 是氣體常數。

　　若在 T_1 和 T 的溫度範圍內，ΔH_r 視為定值，則可由式(6-12)積分得到

$$\ln \frac{K}{K_1} = \frac{-\Delta H_r}{R_g}\left(\frac{1}{T} - \frac{1}{T_1}\right) \quad\text{...(6-13a)}$$

若 ΔH_r 隨溫度的變化必須納入考慮時，式(6-12)的積分形式為

$$\ln \frac{K_2}{K_1} = \frac{1}{R_g}\int_{T_1}^{T_2} \frac{\Delta H_r}{T^2} dT \quad\text{......................................(6-13b)}$$

　　由式(6-13)來看，平衡常數不為壓力、惰性物質的存在或反應速率常數所左右。反應速率常數和反應熱 ΔH_r 及溫度息息相關。反應熱和反應本身有關，而反應溫度可以控制的。因此，反應速率常數或平衡時轉化率和溫度的關係是一個極為有趣的問題。圖 6-1 所示為定壓下平衡轉化率 X_{Ae} 和溫度 T 的關係。在放熱反應的情況下，溫度愈高，轉化率愈低。吸熱反應時，溫度愈高，愈有利於反應之進行。

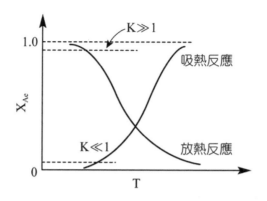

▶圖 6-1　定壓下溫度對平衡轉化率的影響

　　放熱反應時，ΔH_r 為負值，溫度升高則 K 值下降。K 值下降到某一溫度，可看成 K≪1，此時，平衡轉化率極小。吸熱反應時完全相反，溫度上升，K 值上升，K≫1時，平衡轉化率 X_{Ae} 趨近於一。此時，反應可看成不可逆反應。

🖙 6-2-3　平衡轉化率

　　由化學熱力學基本數據可以算出化學平衡常數。我們可以進一步找出平衡轉化率與平衡常數的關係。這裡必須再提醒一次，平衡轉化率只是告訴我們，化學反應在特定的情況下只能達到這個程度，並沒有告訴我們何時才能達到這個程度。

　　平衡轉化率與平衡常數的關係和化學反應的形態有關係，必須根據個別反應本身導出。下面我們舉一個例子說明。在他種反應時也可以以類似的方法找出它們之間的關係。

🔒 **例題 6-1**

有一液態基本化學反應

$$A \rightleftharpoons R \dots\dots\dots\dots\dots\dots\dots\dots\dots\dots\dots\dots\dots\dots\dots\dots (6\text{-}14)$$

(a)試繪出平衡轉化率與反應溫度的關係圖；(b)若要使轉化率達到 0.6 以上時，反應溫度須要受到那些限制？

數據：

$$H^{\circ}_{A}(298K) = -40,000 \, cal/g\text{-}mol \dots\dots\dots\dots\dots\dots\dots\dots (6\text{-}15)$$

$$H^{\circ}_{R}(298K) = -60,000 \, cal/g\text{-}mol \dots\dots\dots\dots\dots\dots\dots\dots (6\text{-}16)$$

$$C_{PA} = 50 \, cal/(g\text{-}mol \cdot K) \dots\dots\dots\dots\dots\dots\dots\dots\dots\dots (6\text{-}17)$$

$$C_{PR} = 50 \, cal/(g\text{-}mol \cdot K) \dots\dots\dots\dots\dots\dots\dots\dots\dots\dots (6\text{-}18)$$

$$K_{e}(298K) = 100,000 \dots\dots\dots\dots\dots\dots\dots\dots\dots\dots\dots\dots (6\text{-}19)$$

📖 **解：**

因為是基本反應

$$-r_{A} = k\left(C_{A} - \frac{C_{R}}{K_{e}}\right) \dots\dots\dots\dots\dots\dots\dots\dots\dots\dots (6\text{-}20)$$

達到平衡時， $-r_{A} = 0$

$$C_{Ae} = \frac{C_{Re}}{K_{e}} \dots\dots\dots\dots\dots\dots\dots\dots\dots\dots\dots\dots\dots\dots (6\text{-}21)$$

因為是液態反應，可視為定容反應

$$C_{Ae} = C_{A0}(1 - X_{Ae}) \dots\dots\dots\dots\dots\dots\dots\dots\dots\dots\dots (6\text{-}22)$$

$$C_{Re} = C_{A0}X_{Ae} \dots\dots\dots\dots\dots\dots\dots\dots\dots\dots\dots\dots\dots (6\text{-}23)$$

代式(6-22)及式(6-23)入式(6-21)可得

$$C_{A0}(1 - X_{Ae}) = \frac{C_{A0}X_{Ae}}{K_e} \quad\text{.. (6-24)}$$

重整上式可得

$$X_{Ae} = \frac{K_e}{1 + K_e} \quad\text{... (6-25)}$$

又

$$\Delta C_P = C_{PR} - C_{PA} = 50 - 50 = 0\ \text{cal}/(\text{g-mol}\cdot\text{K}) \quad\text{........................ (6-26)}$$

平衡常數 K_e 與溫度的關係為

$$\ln\frac{K_e(T)}{K_e(T_1)} = \frac{(-\Delta H_r{}^\circ)}{R_g}\left(\frac{1}{T} - \frac{1}{T_1}\right) \quad\text{............................... (6-27)}$$

或

$$K_e(T) = K_e(T_1)\exp\left[\frac{(-\Delta H^\circ{}_r)}{R_g}\left(\frac{1}{T} - \frac{1}{T_1}\right)\right] \quad\text{............................... (6-28)}$$

$$\Delta H_R{}^\circ = H_R{}^\circ - H_A{}^\circ$$

$$= (-60,000) - (-40,000) = -20,000\ \text{cal}/\text{g-mol} \quad\text{............... (6-29)}$$

$$K_e = 100,00\exp\left[\frac{20,000}{1,987}\left(\frac{1}{T} - \frac{1}{298}\right)\right] \quad\text{................................... (6-30)}$$

$$K_e = 100,00\exp\left[-33.78\left(\frac{T - 298}{T}\right)\right] \quad\text{................................... (6-31)}$$

代式(6-31)入式(6-25)，整理後，可得

$$X_{Ae} = \frac{100,000\exp\left[-33.78(T - 298)/T\right]}{1 + 100,000\exp\left[-33.78(T - 298)/T\right]} \quad\text{........................... (6-32)}$$

根據式(6-32)代入不同的溫度 T，可以得到不同的平衡轉化率 X_{Ae}，如表 6-1 所示。

▎表 6-1　例題 6-1 算出的數據

T(K)	$K_e(-)$	$X_{Ae}(-)$
298	100,000.00	1.00
350	661.60	1.00
400	18.17	0.95
425	4.14	0.80
450	1.11	0.53
475	0.34	0.25
500	0.12	0.11

根據表 6-1，可繪出圖 6-2 的平衡轉化率與溫度關係。

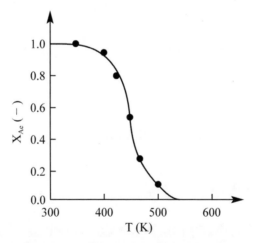

▶圖 6-2　平衡轉化率與溫度之關係

由圖 6-2 看來，若反應要達到 60%以上時，反應溫度必須低於 440K。

下面我們要談的是二階可逆反應：

$$A + B \underset{k_2}{\overset{k_1}{\rule{2em}{0.4pt}}} C + D \dots\dots\dots (6\text{-}33)$$

平衡轉化率和溫度的關係。

反應物 A 的消失速率可以寫成

$$-r_A = k_1 C_A C_B - k_2 C_C C_D$$

$$= k_1 (C_{A0} - C_{A0} X_A)(C_{B0} - C_{A0} X_A) -$$

$$k_2 (C_{C0} + C_{A0} X_A)(C_{D0} + C_{A0} X_A) \dots\dots (6\text{-}34)$$

當此反應達到平衡時，$-r_A = 0$，$X_A = X_{Ae}$。式(6-34)可以寫成

$$\frac{k_1}{k_2}(C_{A0} - C_{A0} X_{Ae})(C_{B0} - C_{A0} X_{Ae})$$

$$= (C_{C0} + C_{A0} X_{Ae})(C_{D0} + C_{A0} X_{Ae}) \dots\dots (6\text{-}35)$$

假設此混合物為理想溶液

$$K_C = K = \frac{k_1}{k_2} \dots\dots (6\text{-}36)$$

將上式代入式(6-35)整理之，可得

$$(C_{A0}^2 - K C_{A0}^2) X_{Ae}^2 + \left[(C_{C0} C_{A0} + C_{A0} C_{D0}) + (C_{A0}^2 + C_{A0} C_{B0})K \right] X_{Ae}$$

$$+ (C_{C0} C_{D0} - C_{A0} C_{B0} K) = 0 \dots\dots (6\text{-}37)$$

$$X_{Ae} = \frac{-\left[(C_{C0}C_{A0} + C_{A0}C_{D0}) + (C_{A0}^2 + C_{A0}C_{B0})K \right]}{}$$

$$\frac{+\sqrt{\left[(C_{C0}C_{A0} + C_{A0}C_{D0}) + (C_{A0}^2 + C_{A0}C_{B0})K \right]^2}}{2(C_{A0}^2 - KC_{A0}^2)}$$

$$\frac{-4\left(C_{A0}^2 - CK_{A0}^2 \right)\left(C_{C0}C_{A0} - C_{A0}C_{B0}K \right)}{} \quad \dots\dots\dots\dots\dots (6\text{-}38)$$

上式所代表的是平衡轉化率和平衡常數之關係。而式(6-13)為平衡常數和溫度的關係。因此我們先給一個溫度，代入式(6-13)，即可得該溫度之平衡常數值，再將此值代入式(6-38)，就能得到該溫度平衡轉化率的值。如此反覆進行，並把結果畫出來就可得到圖 6-1 的圖形。

➲ 6-2-4 熱力學數據

前面幾個小節我們常提到，由熱力學數據可以算出我們所需要化學反應的化學平衡常數。一般質能均衡或化工熱力學教科書的附錄都可以找到這些數據。如果找不到所需資料時，可參考下面的書籍。

1. Perry, R.H., D.W. Green, and J.O. Maloney, eds., "Chemical Engineers' Handbook", 6th Ed., (1984).

2. Reid, R.C., J.M. Prausnitz, and T.K. Sherwood, "The Properties of Gases and Liquids", 3rd Ed., (1977).

3. Weast, R.C., ed., "CRC Handbook of Chemistry and Physics", 66th Ed.,(1985).

● 6-3　絕熱操作與非絕熱操作

反應器的操作方式可分成絕熱操作與非絕熱操作。絕熱操作時，反應器與外界無熱量交換。非絕熱操作時，外界會對反應器供給或吸取熱量。有關批式反應器，連續攪拌槽和塞流反應器絕熱操作與非絕熱操作的方程式將於下節中詳細討論。在本節中將針對兩種連續式反應器，即連續攪拌槽和塞流反應器，在恆穩狀態(steady state)下進行加熱操作、冷卻操作、絕熱操作、放熱反應、吸熱反應和等溫反應時，轉化率和溫度的關係加以討論。

假設外面所加的熱量可用 Q 來代表，而不是用 $UA_h(T_S-T)$ 表示，則連續攪拌槽的能量平衡式可以寫成

$$X_A = \frac{F_{A0}C_P(T-T_0)-Q}{F_{A0}\Delta H_r} \quad\text{.....................................} (6\text{-}39)$$

塞流反應器微分元素的能量平衡式為

$$dQ = F_{A0}C_P dT + \Delta H_r F_{A0} dX_A \quad\text{...................................} (6\text{-}40)$$

如果 F_{A0}、ΔH_r 和 C_P 都可以假設成定值，則可將上式積分成

$$\int_0^Q dQ = F_{A0}C_P \int_{T_0}^T dT - \Delta H_r F_{A0} \int_0^{X_A} dX_A \quad\text{...................................} (6\text{-}41)$$

或

$$Q = F_{A0}C_P(T-T_0) - \Delta H_r F_{A0} X_A \quad\text{...................................} (6\text{-}42)$$

整理後可得

$$X_A = \frac{F_{A0}C_P(T-T_0)-Q}{F_{A0}\Delta H_r} \quad\text{.....................................} (6\text{-}43)$$

式(6-39)和式(6-43)一模一樣。因此，我們說，在恆穩狀態下，外界加熱或去熱的值固定不變，不受反應器內溫度影響時，連續攪拌槽和塞流反應器的行為完全一致，可以一併討論。

式(6-43)可重組成

$$X_A = \frac{C_P}{\Delta H_r} T + \left[\frac{-C_P}{\Delta H_r} T_0 - \frac{Q}{F_{A0}\Delta H_r} \right] \quad\text{...(6-44)}$$

首先，假設反應為放熱性質，則 ΔH_r 為負值。在此情況下，以轉化率 X_A 對溫度作圖，可得一斜率為正的直線，如圖 6-3(a)所示。圖中有三條直線分別表示絕熱操作、冷卻操作和加熱操作的情形。絕熱操作時 $Q = 0$。冷卻操作時 Q 為負值，因此其截距的絕對值比較小，加熱操作時，Q 為正值，其截距的絕對值較大。

如果是吸熱反應時，ΔH_r 為正值。操作線的斜率均為負值。其關係表示於圖 6-3(b)中。

非絕熱操作時，轉化率 X_A 和溫度 T 的關係，如圖 6-4 所示，圖中的垂直線是等溫操作線。在放熱反應的情況下，$\Delta H_r < 0$，操作線的斜率為正。吸熱反應時，$\Delta H_r > 0$，斜率為負。如果 ΔH_r 和 C_P 均為定值時，操作線是直線。圖中也把惰性物質增減對操作線的影響繪出。增加惰性物質的功用相當於加大 C_P 值。亦即操作線斜率的增加，使操作線向等溫操作線移轉動。由物理意義的觀點來看：放熱反應時，增加惰性物質，可以吸收放出的熱量，使溫度升高的速率減慢。吸熱反應時，增加惰性物質可以提供熱量，使溫度下降的速率減緩。因此，無論放熱反應或吸熱反應，增加惰性物質時，都會使反應趨近於等溫操作。

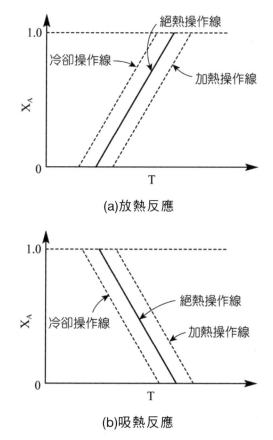

(a)放熱反應

(b)吸熱反應

▶圖 6-3 非絕熱操作時轉化率 X_A 和溫度 T 的關係圖

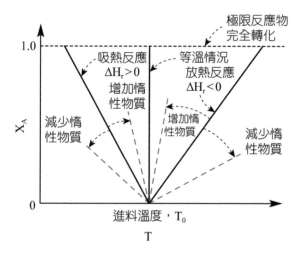

▶圖 6-4 絕熱操作時轉化率 X_A 和溫度 T 的關係圖

　　一般加熱或冷卻的方法是在反應器（攪拌槽或塞流反應器）的外面加上夾套（如圖 4-9）或在反應器內添加旋管(coil)，然後在夾套或旋管內通以熱媒或冷媒。

　　如果我們希望在反應器內有特別的溫度分布，則須有特別的加熱或冷卻方式。圖 6-5 所示為三個特別情況。圖 6-5(a)所示的為一塞流反應器。反應器內所進行的是放熱反應。為使溫度隨距離的增加而下降，我們把進料引入旋管並纏繞在反應器的外面。旋管內的進料和反應器內的混合物依相反方向行進。熱量由反應器傳至進料旋管。若是氣體反應，其熱傳送情形不佳，而在反應器內不易加熱或冷卻時，通常用多階加熱或冷卻法(multistage heating or cooling)。圖 6-5 中的(b)圖和(c)圖即屬此類。

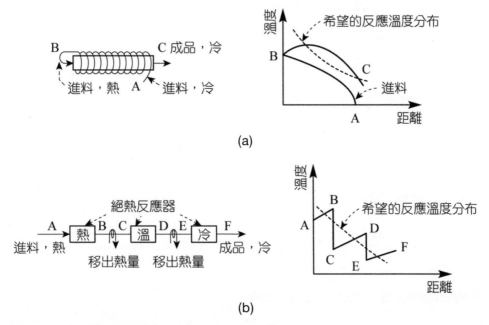

▶圖 6-5　為求特別溫度分布而設計的幾種熱交換方法（(a)和(b)均為放熱反應，(c)為吸熱反應）[7]

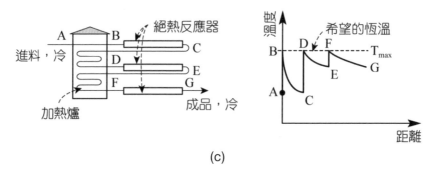

(c)

▶圖 6-5 為求特別溫度分布而設計的幾種熱交換方法（(a)和(b)均為放熱反應，(c)為吸熱反應）[7]（續）

● 6-4 批式反應器的非等溫操作

第四章中，我們由質量均衡導出式(4-6)：

$$N_{A0} \frac{dX_A}{dt} = -r_A V \quad\text{...(4-6)}$$

而由能量均衡所得之方程式為：

$$m_t C_P \frac{dT}{dt} = (-\Delta H_r)(-r_A)V + UA_h(T_s - T) \quad\text{................................(4-10)}$$

將上二式合併可得

$$m_t C_P \frac{dT}{dt} = -\Delta H_r N_{A0} \frac{dX_A}{dt} + UA_h(T_s - T) \quad\text{................................(6-45)}$$

如果是絕熱反應，式(6-45)可簡化成：

$$m_t C_P dT = N_{A0}(-\Delta H_r)dX_A \quad\text{...(6-46)}$$

假設 C_P 和 ΔH_r 受溫度的影響很小，可看成定值。我們可將式(6-46)積分，得到溫度 T 和轉化率 X_A 的關係式

$$T - T_0 = \frac{N_{A0}(-\Delta H_r)}{m_t C_P}(X_A - X_{A0}) \quad\text{.. (6-47)}$$

🔒 **例題 6-2**

醋酸酐(acetic anhydride)水解的反應方程式如下：

$$(CH_3 \cdot CO)_2 O + H_2O \rightleftharpoons 2CH_3 \cdot COOH \quad\text{................................ (6-48)}$$

如果溶液中有大量的水存在（即極稀溶液）時，反應是不可逆的，而且對醋酸酐來說是擬一階反應(pseudo-first-order reaction)。化學反應速率常數和溫度的關係如表 6-2 所示：

▌表 6-2　例題 6-2 的數據

溫度($^\circ$C)	15	20	25	30
速率常數(1/min)	0.0806	0.113	0.158	0.211

假設此反應在一批式反應器中進行。反應器中的初溫度為 $15\,^\circ$C，初濃度為 $0.30\ g\text{-}mol/L$。今假設反應混合物的比熱和比重在反應過程中均為定值，其值分別是 $0.9\ cal/(g \cdot {}^\circ C)$ 和 $1.07\ g/cm^3$。又設反應熱不隨溫度而改變，此反應為放熱反應，其值為 $-50,000\ cal/g\text{-}mol\ anhyride$，如果反應器在絕熱情況下操作，試估 80% 的醋酸酐水解所需的時間。

🔖 **解：**

令式(4-10)中的最後一項為零，可得批式反應器絕熱操作的方程式如下：

$$m_t C_P \frac{dT}{dt} = (-\Delta H_r)(-r_A)V \quad \text{...} \quad (6\text{-}49)$$

已知

$$-r_A = -\frac{dC_A}{dt} \quad \text{..} \quad (6\text{-}50)$$

代入式(6-49)，得

$$m_t C_P \frac{dT}{dt} = (-\Delta H_r)\left(-\frac{dC_A}{dt}\right)V \quad \text{...} \quad (6\text{-}51)$$

$$m_t C_P dT = \Delta H_r V \, dC_A \quad \text{...} \quad (6\text{-}52)$$

積分，T 由 T_0 積到 T，C_A 由 C_{A0} 積到 C_A

$$m_t C_P (T - T_0) = \Delta H_r \, V(C_A - C_{A0}) \quad \text{..} \quad (6\text{-}53)$$

$$m_t C_P (T - T_0) = -\Delta H_r V \, C_{A0} X_A \quad \text{...} \quad (6\text{-}54)$$

設 $V = 1\,L$，代入有關數據，可得

$$(1{,}000 \times 1.07) \times 0.9 \times (T - T_0) = 50{,}000 \times 1 \times 0.3 X_A \quad \text{..........................} \quad (6\text{-}55)$$

$$(T - T_0) = 15.6 X_A \quad \text{...} \quad (6\text{-}56)$$

已知反應為擬一階的

$$-r_A = kC_A \quad \text{...} \quad (6\text{-}57)$$

將上式中的 C_A 改成 X_A，並代入式(4-8)，可得

$$t = \int_0^{0.8} \frac{dX_A}{k(1-X_A)} \quad\text{...} (6\text{-}58)$$

我們知道反應速率常數 k 是溫度 T 的函數；由式(6-56)我們也知道溫度 T 是轉化率 X_A 的函數。因此 k 值會隨 X_A 值而變動。我們先由表 6-2 的數據繪一阿瑞尼式圖（如圖 6-6）。再來，根據式(6-56)算出不同轉化率 X_A 下的溫度 T 值。接著根據圖 6-6 找出不同溫度 T 的反應速率常數 k 值。表 6-3 中列出這些算出的值。

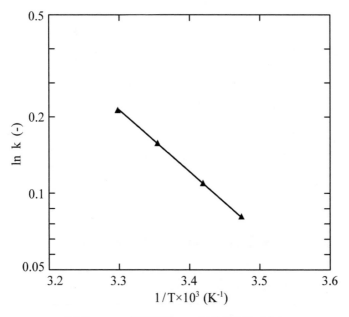

▶圖 6-6　解例題 6-2 的阿瑞尼式圖

式(6-58)必須以圖解法積分之，我們可以 $\dfrac{1}{k(1-X_A)}$ 的值對 X_A 作圖，$X_A = 0$ 到 $X_A = 0.8$ 所佔的面積即為反應時間。圖積分如圖 6-7 所示。

▌表 6-3　例題 6-2 計算所得的數據

X_A(-)	$T-T_0$(°C)	T(°C)	k(1/min)	$\dfrac{1}{k(1-X_A)}$(min)
0	0	15	0.0806	12.4
0.2	3.1	18.1	0.100	12.5
0.4	6.2	21.2	0.123	13.5
0.6	9.4	24.4	0.152	16.5
0.8	12.5	27.5	0.183	27.2

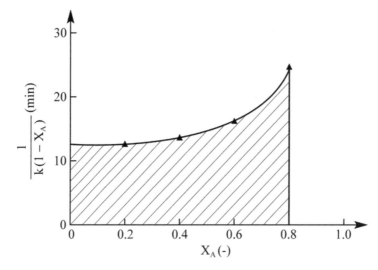

▶圖 6-7　解例題 6-2 的圖積分

由上圖之圖積分可得反應時間為 12 分鐘。

🔒 例題 6-3

由乙醯化蓖麻油(acetylated castor oil)分解生成醋酸和乾油(drying oil)

乙醯化蓖麻油(l) ⟶ 醋酸(l) + 乾油(l) .... (6-59)

為一階反應

$$r_{AA} = kC_{AC} \; g\text{-}mol\; AA/(min\cdot cm^3) \;\text{..}\; (6\text{-}60)$$

AA 係代表 CH_3COOH ， AC 代表乙醯化蓖麻油。k 值為

$$k = \exp(35.2)\cdot \exp(-44,500/R_gT) \;\text{..}\; (6\text{-}61)$$

適用範圍為 $295 \sim 340°C$ 。

　　反應是在批式反應器內進行的。最初含有 $340°C$（密度 0.9）的蓖麻油 500 lb 。反應熱為 $\Delta H_r = -15,000\; cal/g\text{-}mol\; AA$ 。每磅乙醯化蓖麻油分解後可得 0.156 磅醋酸。假設定容反應和絕熱操作；液態反應混合物之比熱為定值， $C_P = 0.6\; cal/(g°C)$ 。求離開反應器時醋酸溫度和時間的關係。

🔖 解：

　　因為

$$-r_{AC} = r_{AA} \;\text{...}\; (6\text{-}62)$$

我們可將式(4-8)改寫成適合本題的式子。

$$t = C_{AC0}\int_0^{X_A} \frac{dX_A}{r_{AA}} \;\text{...}\; (6\text{-}63)$$

將式(6-60)及式(6-61)代入上式，並代入 $C_{Ac} = C_{AC0}(1-X_A)$ 之關係，可得

$$t = \int_0^{X_A} \frac{dX_A}{\exp(35.2)\exp(-44,500/R_gT)(1-X_A)} \;\text{..........................}\; (6\text{-}64)$$

把題目所給的 N_{A0} ， ΔH_r ， m_t 和 C_P 的值代入式(6-47)，又 $X_{A0} = 0$ 得

$$T - (340 + 273)$$

$$= \frac{(500\,\mathrm{lb}) \times (0.156) \times \left(\dfrac{1\,\mathrm{lb\text{-}mol\,AA}}{60\,\mathrm{lb}} \right) \times \left(\dfrac{454\mathrm{g\text{-}mol}}{1\,\mathrm{lb\text{-}mol}} \right) \times \left(15{,}000\dfrac{\mathrm{cal}}{\mathrm{g\text{-}mol}} \right)}{(500\,\mathrm{lb}) \times \left(\dfrac{454\mathrm{g}}{1\,\mathrm{lb}} \right) \times \left(0.6\dfrac{\mathrm{cal}}{\mathrm{g}^{\circ}\mathrm{C}} \right)} X_A \ \dots\ (6\text{-}65)$$

$$T = 613 - 65X_A \ \dots\dots\dots\dots\dots\dots\dots\dots\dots\dots\dots\dots\dots\dots\dots\dots\dots\ (6\text{-}66)$$

將式(6-66)代入式(6-64)得

$$t = \int_0^{X_A} \frac{dX_A}{\exp(35.2)\exp\left[-44{,}500/R_g(613 - 65X_A) \right](1 - X_A)} \ \dots\dots\ (6\text{-}67)$$

此式可以數值積分(numerical integration)法的辛普森(Simpson)積分法得到 X_A 和 t 的關係。得到 X_A 和 t 的關係後，再藉著式(6-66)的關係得到 T 和 t 的關係。

　　除此方法外，還可以其他方法得到 X_A 和 t 及 T 和 t 的關係（參看參考文獻 9）。所得到 X_A 和 t 及 T 和 t 的關係繪於圖 6-8 中。

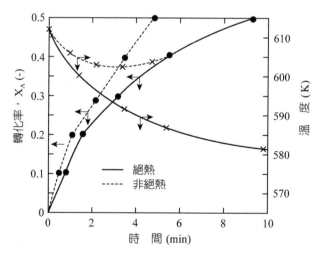

▶圖 6-8　例題 6-3 中，轉化率和時間的關係及溫度和時間的關係[9]

　　圖 6-8 中除了把轉化率和溫度的分布情形繪出外，並把非絕熱（外界加熱）操作時轉化率和溫度的分布情形繪出（其計算過程從略）以供比較。由圖觀之，若外界不加熱，轉化率到達 0.5 時，反應速率極小。這是因為吸熱的緣故。若要提高反應速率外界必須加熱。圖中虛線顯示作用三分鐘後溫度慢回升使反應速率不致降得太快。

● 6-5　　連續攪拌槽反應器的非等溫操作

連續攪拌槽反應器的質量均衡式和能量均衡式分別為

$$\frac{V}{F_{A0}} = \frac{X_A}{(-r_A)} \quad\text{...} (6\text{-}68)$$

和

$$UA_h(T_s - T) = F_{A0}C_p(T - T_0) + \Delta H_r\, F_{A0}X_A \quad\text{.............................} (6\text{-}69)$$

一般來說，根據這兩個方程式，我們即可求出在穩態操作下連續攪拌槽的溫度和成分。在求取溫度和成分的過程中，有時可分別由兩式獨立求出，有時須將此兩式聯立解之。求解的方法完全看問題本身而定。

　　在連續攪拌槽中，有一個因為能量供求關係而造成的有趣穩定度(stability)問題。今就一放熱、不可逆的一階反應在一攪拌槽中進行絕熱操作時的情形為例，進行討論。

　　若將 $-r_A = kC_A$ 代入式(4-26)可得

$$\tau = \frac{C_{A0} - C_A}{kC_A} \quad\text{...} (6\text{-}70)$$

或將上式中的 C_A 以 $C_{A0}(1-X_A)$ 取代，並整理後，得到

$$\tau = \frac{X_A}{k(1-X_A)} \quad\text{.. (6-71)}$$

重組之，得

$$X_A = \frac{k\tau}{1+k\tau} \quad\text{.. (6-72)}$$

把阿瑞尼式形式的 k 代入上式得

$$X_A = \frac{\tau k_0 \exp(-E/R_g T)}{1+\tau k_0 \exp(-E/R_g T)} \quad\text{.. (6-73)}$$

由質量均衡得如式(6-73)之轉化率 X_A 和溫度 T 的關係式。若將之繪於以 X_A 為縱軸、T 為橫軸的圖上，我們可得一 S 形之曲線（如圖 6-9 所示）。

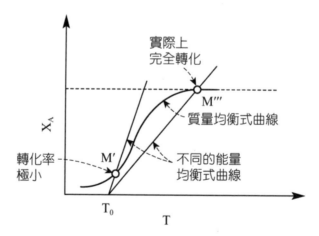

▶圖 6-9　在連續攪拌槽反應器中，放熱、不可逆一階反應的質量均衡式曲線和能量均衡式曲線

　　若由式(6-74)的能量均衡式來看，X_A 和 T 的關係應為一直線（ΔH_r 和 C_P 可看成定值）。

$$X_A = \frac{C_P}{(-\Delta H_r)} T - \frac{C_P}{(-\Delta H_r)} T_0 \quad\text{.. (6-74)}$$

此直線的斜率決定於 C_P 和 ΔH_r 值的大小。若 C_P 值小而 ΔH_r 值大時，則斜率小。能量均衡直線和質量均衡曲線僅在高轉化率的 M''' 點相交。攪拌槽中的反應即在與 M''' 點相對應的溫度下進行。而出口處的轉化率是 M''' 點的轉化率。如果 C_P 值大而 ΔH_r 值小時，斜率大。能量直線和質量曲線只在低轉化率的 M' 點相交。在某個情況下，能量直線和質量曲線有三個交點。有關這三個操作點的情況將於稍後討論之。至於如何改變操作點的位置，我們可仿圖 6-4 中所示的方式，改變惰性物質的含量來改變其能量直線的斜率。

　　圖 6-10 所示為一個有三交點的情況。亦即攪拌糟內的反應只在此三點中之任何一點的狀況下進行。其他情況下不可能進行反應。例如最初溫度為 T_1 時，根據質量平衡式可得 X_{A1} 的轉化率。反應如有 X_{A1} 的轉化率根據能量平衡式有 T_2 的溫度。T_2 的溫度有 X_{A2} 的轉化率。如此一直往右推，直至 M' 點（質量均衡線和能量均衡線的交點）才穩定下來。若最初的溫度在 M' 右方，最後還是會往 M' 點移動。M''' 點和 M' 點也有相同的性質。M'' 點則不一樣。反應當然可在 M'' 點進行。但是若稍有波動，溫度較 T_M 為低時則操作點會往 M' 移動，若溫度高於 T_M 時，操作點往 M''' 移動。因此三個穩定點 M'、M'' 和 M''' 中，M' 和 M''' 是真正的穩定點。操作情況稍有干擾仍會回復原來的操作情況。M'' 則是介穩定點(meta-stable point)，外界稍有干擾時，無法回復原來的操作情況。

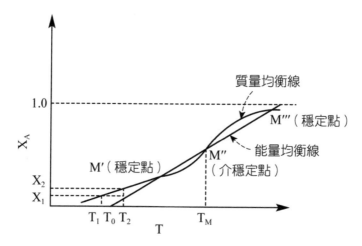

▶圖 6-10　放熱、不可逆一階反應在連續攪拌槽反應器中的三個穩定點

🔒 例題 6-4

在連續攪拌槽反應器中有一個液相反應，作絕熱操作

$$A \rightarrow C \ \dots\dots\dots\dots\dots\dots\dots\dots\dots\dots\dots\dots\dots\dots\dots\dots (6\text{-}75)$$

其反應速率和反應熱分別為

$$-r_A = 4.48 \times 10^6 \exp\left(-15,000/R_g T\right) C_A \ \ \text{g-mol}/(s \cdot cm^3) \ \dots\dots (6\text{-}76)$$

$$\Delta H = -50,000 \ \text{cal/g-mol} \ \dots\dots\dots\dots\dots\dots\dots\dots\dots\dots\dots\dots (6\text{-}77)$$

其中 C_A 的單位為 g-mol/cm^3，T 為 K。進料口反應物濃度為 3.0 g-mol/L，容積流率為 60 cm^3/s，溫度為 25℃，轉化率為 0。反應混合物的密度為 1.0 g/cm^3，比熱為 1.0 cal/(g·℃)。反應器容積為 18 L。試求出料口的穩態轉化率及溫度為何？

解：

我們知道

$$\tau = \frac{V}{v} = \frac{18 \times 10^3 \text{ cm}^3}{60 \text{ cm}^3/\text{s}} = 300 \text{ s} \quad\text{...........................}\text{(6-78)}$$

$$k\tau = 4.48 \times 10^6 \exp(-15,000/R_g T) \times 300$$

$$= 1.34 \times 10^9 \exp(-15,000/R_g T) \quad\text{........................}\text{(6-79)}$$

將式(6-79)代入式(6-72)得

$$X_A = \frac{1.34 \times 10^9 \exp(-15,000/R_g T)}{1 + 1.34 \times 10^9 \exp(-15,000/R_g T)} \quad\text{..............................}\text{(6-80)}$$

此乃 S 形曲線之方程式。

代有關數據進入式(6-74)得

$$X_A = \frac{(1.0 \text{ cal}/(g \cdot {}^\circ C)) \times (1.0 \text{ g}/\text{cm}^3)}{(50,000 \text{ cal}/g\text{-mol}) \times (3.0 g\text{-mol}/L) \times (0.001 \text{ L}/\text{cm}^3)}(T - T_0)$$

$$= \frac{1}{150}(T - 298) \quad\text{..}\text{(6-81)}$$

所得到的式子為能量均衡直線式。

將式(6-80)和式(6-81)繪在以 X_A 為縱軸，$(T - T_0)$ 為橫軸的圖上（如圖 6-11），由圖可求得兩個穩定操作點的轉化率和溫度分別為

A 點　$X_A = 0.015$ ，　　$T = 301 \text{ K}$

C 點　$X_A = 0.98$ ，　　$T = 449 \text{ K}$

由圖 6-11 發現：介穩定點 B 的轉化率 $X_A = 0.33$，溫度為 348 K。

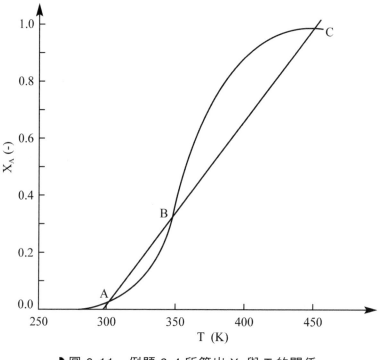

▶圖 6-11　例題 6-4 所算出 X_A 與 T 的關係

● 6-6　塞流反應器的非等溫操作

對塞流反應器中的某一體積元素(element of volume)作質量均衡和能量均衡所得的方程式分別為式(4-35)和式(4-46)，如下所示：

$$F_{A0}dX_A = (-r_A)dV \quad\text{(4-35)}$$

和

$$UdA_h(T_s - T) = F_{A0}C_p dT + \Delta H_r F_{A0}dX_A \quad\text{(4-46)}$$

將此二式重新安排，並代入 $\dfrac{dA_h}{dV} = \dfrac{4}{D}$（由圓管的幾何關係求出）之關係式可得

$$\frac{dX_A}{dV} = \frac{(-r_A)}{F_{A0}} \quad\text{... (6-82)}$$

$$\frac{4U(T_s - T)}{D} = F_{A0}C_P\frac{dT}{dV} + \Delta H_r F_{A0}\frac{dX_A}{dV} \quad\text{............... (6-83)}$$

此二式構成以反應器體積為自變數(independent variable)溫度和成分為應變數的聯立微分方程式。藉此二式和當 $V=0$ 時，$T=T_0$ 和 $X_A=X_{A0}$ 的最初條件，我們可求得溫度 T 和反應器體積 V 的關係及組成 X_A 和反應器體積 V 的關係。

如果反應器進行絕熱操作時，式(4-46)可簡化成

$$C_P dT = (-\Delta H_r)dX_A \quad\text{... (6-84)}$$

假設 C_P 和 ΔH_r 為定值時，上式可直接積分得到

$$T - T_0 = \frac{(-\Delta H_r)}{C_P}(X_A - X_{A0}) \quad\text{................................... (6-85)}$$

上式為在絕熱操作下，塞流反應器溫度和成分的關係。

🔒 **例題 6-5**

試求液相不可逆二階反應

$$2A \to C + D \quad\text{.. (6-86)}$$

在一個塞流反應器中絕熱操作時，轉化率和體積的關係式。

📝 **解：**

由式(4-35)得

$$F_{A0}dX_A = (-r_A)dV \quad\text{... (6-87)}$$

重組之

$$dV = F_{A0} \frac{dX_A}{(-r_A)} = F_{A0} \frac{dX_A}{kC_A^2}$$

$$= F_{A0} \frac{dX_A}{kC_{A0}^2(1-X_A)^2}$$

$$= \frac{F_{A0}}{C_{A0}^2} \frac{dX_A}{k(1-X_A)^2} \quad\cdots\cdots\cdots\cdots\cdots\cdots (6\text{-}88)$$

阿瑞尼式式子為

$$k = k_0 \exp(-E/R_g T) \quad\cdots\cdots\cdots\cdots\cdots\cdots\cdots (6\text{-}89)$$

把式(6-85)代入式(6-89)得

$$k = k_0 \exp\left\{ -E/R_g \left[\frac{(-\Delta H_r)}{C_P}(X_A - X_{A0}) + T_0 \right] \right\} \quad\cdots\cdots (6\text{-}90)$$

將上式代入式(6-88)可得

$$dV = \frac{F_{A0}}{C_{A0}^2} \frac{dX_A}{k_0 \exp\left\{ -E/R_g \left[\frac{(-\Delta H_r)}{C_P}(X_A - X_{A0}) + T_0 \right] \right\}(1-X_A)^2} \quad\cdots (6\text{-}91)$$

積分，V 由 0 積到 V，X_A 由 X_{A0} 積到 X_A。

$$V = \frac{F_{A0}}{C_{A0}^2 k_0} \int_{X_{A0}}^{X_A} \frac{dX_A}{\exp\left\{ -E/R_g \left[\frac{(-\Delta H_r)}{C_P}(X_A - X_{A0}) + T_0 \right] \right\}(1-X_A)^2}$$

$$\cdots\cdots\cdots\cdots\cdots\cdots\cdots\cdots\cdots\cdots\cdots (6\text{-}92)$$

此式須以數值積分法積之。得到 X_A 和 V 的關係後，再利用式(6-85)求 T 和 X_A 的關係。

🔒 **例題 6-6**

有一液態基本反應 $2A \rightarrow R$ 的反應速率式為

$$-r_A = 10^{7.5} \exp\left(-27,500/R_g T\right) C_A^2 \ \frac{g\text{-}mol}{s \cdot L} \ \text{..............................} \ (6\text{-}93)$$

反應熱為

$$\Delta H_r = -30,000 \ cal/g\text{-}mol \ \text{...} \ (6\text{-}94)$$

反應混合物的比熱可視為定值

$$C_P = 30 \ cal/(g\text{-}mol \cdot K) \ \text{...} \ (6\text{-}95)$$

假設這個反應可以看成定容反應。將這個反應放在一絕熱操作的塞流反應器中進行。反應器進口處的溫度為 723 K，轉化率為零，反應物 A 的濃度為 $C_{A0} = 8.43 \times 10^{-3} \ g\text{-}mol/L$。如果出口處的轉化率為 0.1 時，此反應器的空間時間為多少？

📖 **解：**

由式(4-40)我們知道塞流反應器的設計方程式為

$$\tau = C_{A0} \int_0^{X_A} \frac{dX_A}{(-r_A)} \ \text{...} \ (6\text{-}96)$$

把式(6-93)代入上式可得

$$\tau = C_{A0} \int_0^{X_A} \frac{dX_A}{10^{7.5} \exp(-27,500/R_gT) C_A^2} \quad \text{............................ (6-97)}$$

或

$$\tau = \frac{1}{10^{7.5} C_{A0}} \int_0^{X_A} \frac{dX_A}{\exp(-27,500/R_gT)(1-X_A)^2} \quad \text{...................... (6-98)}$$

為求能將上式積出來，必須找出溫度 T 和轉化率 X_A 的關係。式(6-85)就是我們要找的關係

$$T - T_0 = \frac{(-\Delta H_r)}{C_p}(X_A - X_{A0}) \quad \text{.. (6-99)}$$

上式可改寫成

$$T = T_0 + \frac{(-\Delta H_r)}{C_p}(X_A - X_{A0}) \quad \text{.. (6-100)}$$

將本例題有關的數據代入可得

$$T = 723 + \frac{30,000}{30}(X_A - 0) \quad \text{... (6-101)}$$

$$T = 723 + 1,000X_A \quad \text{... (6-102)}$$

把 $C_{A0} = 8.34 \times 10^{-3}$ g-mol / L 及式(6-102)代入式(6-97)，可整理出

$$\tau = \frac{1}{8.43 \times 10^{-3}} \int_0^{0.1} \frac{dX_A}{10^{7.5} \times \exp\left(\dfrac{-13,840}{723 + 1,000X_A}\right)(1-X_A)^2} \quad \text{......... (6-103)}$$

將不同的 X_A 值代入式(6-103)，並積分之。積分過程所得到的值列於表6-4 中。

表 6-4　例題 6-6 求解過程所算出的數據

X_A	$723+1{,}000X_A$	$\dfrac{-13{,}840}{723+1{,}000X_A}$	$10^{7.5}\exp\left(\dfrac{-13{,}840}{723+1{,}000X_A}\right)$	$(1-X_A)^2$	$\dfrac{1}{10^{7.5}\exp\left(\dfrac{-13{,}840}{723+1{,}000X_A}\right)(1-X_A)^2}$
0.002	725	−19.090	0.162	0.996	6.198
0.005	728	−19.011	0.175	0.990	5.772
0.01	733	−18.881	0.200	0.980	5.102
0.02	743	−18.627	0.257	0.960	4.051
0.03	753	−18.380	0.329	0.940	3.234
0.04	763	−18.139	0.419	0.922	2.589
0.05	773	−17.904	0.530	0.903	2.089
0.06	783	−17.676	0.666	0.884	1.699
0.07	793	−17.453	0.832	0.865	1.390
0.08	803	−17.235	1.035	0.846	1.142
0.09	813	−17.023	1.279	0.828	0.944
0.095	818	−16.919	1.420	0.819	0.860
0.098	821	−16.857	1.510	0.814	0.814

根據表 6-4 的結果可以 $\dfrac{1}{10^{7.5} \times \exp\left(\dfrac{-13,840}{723+1,000X_A}\right)(1-X_A)^2}$ 對 X_A 作圖

如圖 6-12。以圖積分的方式，得到

$$\int_0^{0.1} \frac{dX_A}{10^{7.5} \exp\left(\dfrac{-13,840}{723+1,000X_A}\right)(1-X_A)^2} = 0.2484 \quad\cdots\cdots\cdots\cdots\cdots \text{(6-104)}$$

因此

$$\tau = \frac{0.2484}{8.43 \times 10^{-3}} = 29.5 \text{ s} \quad\cdots\cdots\cdots\cdots\cdots\cdots\cdots\cdots\cdots\cdots\cdots\cdots\cdots \text{(6-105)}$$

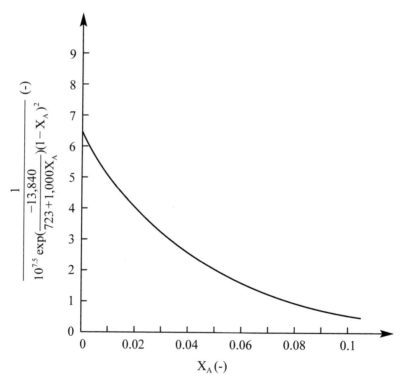

▶圖 6-12　解例題 6-6 的作圖

● 6-7 　重點回顧

　　在這一章裡面，我們首先說明了熱力學中，反應溫度對平衡常數的影響和平衡轉化率與溫度的關係。這些關係和化學反應本身為放熱反應或吸熱反應有關。接著我們討論了外界對反應器加熱或冷卻時的操作情形。

　　最後我們把三種理想反應器的設計方程式和能量均衡式列出來，並舉例說明設計非等溫反應器時的計算方式。

習題

1. X_{Ae}（平衡轉化率）對 T（溫度）作圖如圖 6-13 所示，何者為放熱反應？何者為吸熱反應？

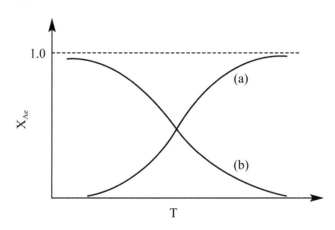

▶ 圖 6-13　平衡轉化率與溫度的關係

2. 絕熱操作線如圖 6-14 所示：

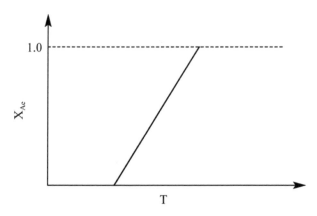

▶ 圖 6-14　絕熱操作時，平衡轉化率與溫度的關係

請問這個反應是那種反應：放熱、吸熱或等溫？

如果進料溫度降低時，操作線會有怎樣的變化？

3. 在放熱反應的情況下，為使平衡轉化率趨近於一時，溫度應該如何改變？

4. 有兩個化學反應在 $1,000\,°C$ 時的速率方程式為

$$r_1 = 600C_A^2 \qquad （MKS 公制單位）\quad\dots\dots\dots\dots\dots\dots\dots (6\text{-}106)$$

$$r_2 = 8,000C_A^{0.5}C_B \qquad （英制單位）\quad\dots\dots\dots\dots\dots\dots\dots (6\text{-}107)$$

若改變溫度，對那一個反應影響較大？

5. 有一氣相反應 $A + B = C + D$ 在一個絕熱塞流反應器中進行。進料處的溫度為 $25\,°C$，壓力為 $2\,atm$。A 和 B 的進料摩爾比數為 1。出料處 A 的轉化率是 0.5。$25\,°C$ 時 $\Delta H_r = 1,900\,cal$，$\Delta G° = 0$。在 $0\,°C$ 到 $500\,°C$ 的範圍內熱含量的值為：

$$\overline{C}_{PA} = 9\,cal/(g\text{-}mol\cdot K)\quad\dots\dots\dots\dots\dots\dots\dots (6\text{-}108)$$

$$\overline{C}_{PB} = 11\,cal/(g\text{-}mol\cdot K)\quad\dots\dots\dots\dots\dots\dots\dots (6\text{-}109)$$

$$\overline{C}_{PC} = 8\,cal/(g\text{-}mol\cdot K)\quad\dots\dots\dots\dots\dots\dots\dots (6\text{-}110)$$

$$\overline{C}_{PD} = 6\,cal/(g\text{-}mol\cdot K)\quad\dots\dots\dots\dots\dots\dots\dots(6\text{-}111)$$

為求最大的轉化率，我們須在何種溫度下操作？

6. 某個一階可逆氣相反應 $A \underset{k_2}{\overset{k_1}{\rightleftharpoons}} C$ 在一連續攪拌槽中進行。如果反應在 300 K 下操作，為求 0.5 的轉化率，反應器的容積為 110 L。如果溫度提高到 400 K，壓力不變，為求相同的轉化率，反應器的大小應該如何改變？數據如下：

$$k_1 = 10^3 \exp\left[-4,700/R_g T\right] \ 1/s \ .... \ (6\text{-}112)$$

$$\Delta C_P = C_{PC} - C_{PA} = 0 \ .... \ (6\text{-}113)$$

$$\Delta H_r (300K) = 9,000 \ cal/g\text{-}mol \ .... \ (6\text{-}114)$$

$$K(300K) = 11 \ .... \ (6\text{-}115)$$

$$X_{A0} = 0 \ .... \ (6\text{-}116)$$

7. 醋酸酐(acetic anhydride)的水解方程式是

$$(CH_3 \cdot CO)_2 O + H_2O \rightleftharpoons 2CH_3 \cdot COOH \ .... \ (6\text{-}117)$$

若反應在一稀薄的水溶液中進行，由於有大量的水存在，反應可視為不可逆一階反應。反應常數值隨溫度的變化如表 6-5 所示：

▌表 6-5 習題 7 的數據

溫度(°C)	15	20	25	30
速率常數(1/min)	0.0806	0.113	0.158	0.211

反應在批式絕熱反應器中進行。反應前醋酸酐的濃度為 $0.30\,g\text{-}mol/L$，溫度為 $15°C$。假設混合物的比熱為 $0.9\,cal/(g\cdot°C)$，密度為 $1.07\,g/cm^3$，反應熱的值為 $-50,000\,cal/g\text{-}mol$ 醋酸酐，試求達到 0.8 轉化率所需的時間。（以上所敘述的是例題 6-2）

假設此反應在一連續攪拌槽(CSTR)中進行，進料溫度為 $15°C$，反應混合物的比熱為定值，$3,200\,cal/g\text{-}mol$ 醋酸酐 $\cdot°C$。化學反應本身為放熱反應，反應熱為 $-50,000\,cal/g\text{-}mol$ 醋酸酐。如果反應器的空間時間為 12 min，又反應器在絕熱情況下操作，試問槽內溫度及轉化率各為多少？假設進料處的轉化率為零。

8. 某個一階不可逆、液相反應 A→C 在一連續攪拌槽中進行。反應常數的值為

$$k = 1.8 \times 10^5 \exp(-12,000/R_g T)\ \ s^{-1} \quad\text{................................... (6-118)}$$

T 的單位是 K。混合物的密度是 $1.2\,g\text{-}mol/cm^3$、比熱為 $0.9\,cal/(g\text{-}mol\cdot°C)$、放熱反應的反應熱為 $-46,000\,cal/g\text{-}mol$。容積流率是 $200\,cm^3/s$、進料溫度為 $20°C$、反應物容積為 10 L。在恆穩狀態下操作，出口的溫度和轉化率為何？

9. 若情況和第 8 題一樣，只是把連續攪拌槽換成 4″ID 的塞流反應器時，出口的溫度和轉化率又為何？

10. 有一放熱、不可逆的一階反應在一連續攪拌槽中進行絕熱操作，經由質量均衡和能量均衡，可得到圖 6-15 所示的關係。

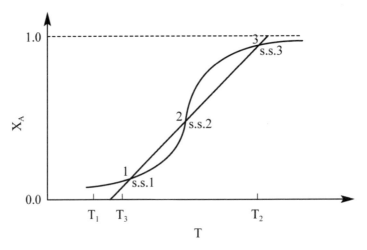

▶圖 6-15　質量均衡和能量均衡所得到的平衡轉化率和溫度的關係

(1) 請問三個交點中的那幾點是穩定的，那幾點是不穩定的？

(2) 如果進料溫度逐漸由 T_1 升到 T_2，請說明反應器溫度 T_r 會有何種變化，並畫出 T_r 和 T_{feed} 的關係圖。如進料溫度逐漸由 T_2 降到 T_1 時情形又如何呢？（T_{feed} 是唯一的變數，而且我們是慢慢的改變它）。

參考
文獻

1. Aris, R, "Elementary Chemical Reactor Analysis" (1967).

2. Carberry, J.J. , "Chemical and Catalytic Reaction Engineering" (1976).

3. Coulson, J.M. and J.F. Richardson, "Chemical Engineering" Vol.III (1971).

4. Fogler, H.S., "Elements of Chemical Reaction Engineering" 2nd Ed. (1992).

5. Holland, C.D. and R.G. Anthony, "Fundamentals of Chemical Reaction Engineering" (1979).

6. Hougen, O.A. and K.M. Watson, "Chemical Process Principles, Part III Kinetics and Caralysis" (1973).

7. Levenspiel, O., "Chemical Reaction Engineering", 2nd Ed. (1972).

8. Perry, J.H., "Chemical Engineers' Handbook", 4th Ed.(1963).

9. Smith, J.M., "Chemical Engineering Kinetics", 2nd Ed. (1970).

10. Smith, J.M. and H.C. van Ness, "Introduction to Chemical Engineering Thermodynamics", 3rd Ed. (1975).

MEMO

CH **07** 不勻相催化反應

● 7-1　概　述

　　兩個或兩個以上的反應物要能產生反應，必須使反應物碰撞，然後才開始進行反應。在勻相反應中，兩種反應物均在同一相中，互相接觸沒有問題。雖然在實際反應器(real reactor)中，並不能如理想反應器所說的完全混合(perfect mixing)，但大體上差不太遠。但是，在不勻相反應中的情況完全不同。反應物分別在兩種不同的相中，可能是氣相和固相、液相和固相或氣相和液相。不同相間有一個界面(interface)存在，它會將兩種反應物隔離。反應要進行時，其中一種反應物必須要移動，穿過界面，到其他相去和另一反應物碰撞。

　　以上之論述是根據反應程序而來的。若由總速率(overall rate)觀之，亦有不同。勻相反應時，因為可以即刻碰撞並反應。所以，總速率只包含反應速率。在不勻相反應時，發生化學反應前，有一段物質傳送的階段，所以總速率除了反應速率外，還包括物質傳送速率。

　　不勻相催化反應是不勻相反應中最重要的一種。舉凡以鉑為觸媒的氫化反應和石油之催化裂解反應均屬此類。和不勻相催化反應類似的流／固無催化反應(fluid-solid non-catalytic reaction)和流／流反應(fluid-fluid reaction)均屬於不勻相反應之範疇。二者將分別在第九章和第十章中討論。

　　像一般的化學反應一樣，催化反應可分勻相催化反應(homogeneous catalytic reaction)和不勻相催化反應(heterogeneous catalytic reaction)。勻相催化反應之處理，可依一般之勻相反應為之。本章中將討論的是，較難處理的不勻相催化反應。

● 7-2　觸媒的特性

不管是勻相或不勻相催化反應的觸媒都有下述的一些基本性質：

1. 觸媒雖然參與化學反應，但是反應完成後，觸媒性質不會改變。

2. 觸媒可以是流體，也可以是固體。前者常屬於勻相反應，而後者屬於不勻相反應。

3. 觸媒是指反應器內所使用的複合物質(composite product)。其成分除了催化活性物質本身以外，有時還包括載體(support)、增觸劑(promoters)和抑制劑(inhibitors)其中的一、二或三項。有些元素或化合物雖具催化活性，但卻未能有效的以多孔性固體出現。因此，我們把它分散在一個多孔性的物質上。這種多孔性物質叫做載體。有些觸媒在高溫下反應極易燒結(sintering)，使得觸媒表面積減少，因此縮短了觸媒的壽命。補救的方法是加入增觸劑，以降低表面積減少的速率。例如在 NH_3 合成時，所用的鐵觸媒中，常加入 Al_2O_3 為增觸劑。如果相同的反應物會生成兩種產物，其中一種是希望產品，另外一種是不希望產品。為了使希望產品產出多一點，不希望產品產出少一點，可以想辦法在觸媒中加抑制劑，使不希望產物的生成速率小一點。

4. 觸媒可以加速反應，也可以減慢反應。前者是正觸媒(positive catalyst)，後者是負觸媒(negative catalyst)。同一觸媒可能對一反應有加速作用，而對另一反應有減速作用。我們可利用此性質，使複雜反應中，希望的化學反應加速，不希望的化學反應減慢。

5. 觸媒的製造除了須有科學(science)的基本知識外，還須要有經驗累積出來的技藝(art)。用試誤法(trial and error method)來研製。由於觸媒的製造並無明顯的定則，不同的製造程序可以獲得相同的成分，但是相同的成分並不保證有相同的活性(activity)。

6. 觸媒的活性和其物理構造(physical structure)有關。因此,其物理構造改變（像溫度超過某一個值會使其物理性質改變）,活性亦會改變。

7. 解說催化反應的理論甚多。一說反應物的分子和觸媒表面結合,一說反應物被吸附到觸媒表面附近,被觸媒影響形成中間產物。另一說反應物在觸媒表面形成活化錯合物,此活化錯合物再移回反應物本體產生反應。總之並未發現有一放諸四海皆準的催化反應理論。

8. 如以過渡狀態理論來解釋催化反應,我們可說觸媒降低了反應所需的活化能,如圖 7-1 所示。降低了活化能也就是增加了化學反應常數的值。

9. 觸媒只加速或減慢化學反應。並未能改變反應平衡點、反應熱或改變平衡常數之大小。

10. 就固體觸媒而言,觸媒表面積的增加,會提高它的催化效率,因此,如何增加單位質量觸媒所含的表面積是觸媒研製的重要課題。

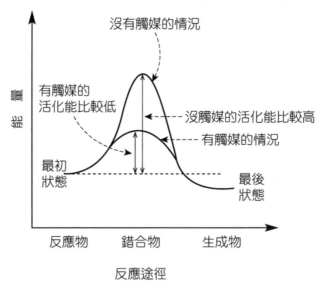

▶圖 7-1　觸媒的作用在於降低反應所需之活化能

● 7-3　選擇觸媒時要考慮的條件

　　觸媒種類繁多，選擇時應從何處下手呢？考慮時不外乎想辦法符合下面的幾個要件：

1. **活性**(activity)：觸媒是用來提高反應速率或降低反應速率的。因此增加或降低活性的倍數愈多愈好。

2. **選擇性**(selectivity)：某些觸媒能使反應物生成某些生成物，另外一些觸媒則使反應物生成另外一些生成物，以乙酸(CH_3COOH)的分解為例，鎳觸媒能使之分解生成氫和二氧化碳。三氧化二鋁能使之分解生成水和一氧化碳。因此選擇觸媒時，必須先認清我們希望的產品是什麼，再去選擇適當的觸媒。

3. **穩定度**(stability)：通常催化反應都在高溫下進行，在此溫度下，必須仍保有其活性才能達到催化目的。換言之，觸媒必須在多種情況下仍保有其活性。

4. **壽命**(life)：觸媒在使用一段時間後，通常會失去活性，必須經過再生後才能再用。在失去活性前的這段壽命愈長愈佳。

5. **機械強度**(mechanical strength)：在固定床(fixed bed)中，有時為求反應速率的提高，要在高壓下進行反應。觸媒粒子必須能夠承受這些高壓，不能稍微受到壓力，就變成細微的粉末。如變成粉末，會被氣體帶走，堵住管道，這樣一來會增加很多麻煩。有些催化反應是在流體化床內進行。觸媒必須能承受得了觸媒粒子間或粒子和反應器壁間的撞擊。

6. **再生性**(regenerability)：觸媒衰化(deactivated)，必須經過再生後再利用，才符合經濟價值，因此觸媒必須能再生，又，再生費用必須低廉。

7. **儲存性**(storability)：觸媒製成後，到使用時通常會經過一段時間，在經過這段時間後，觸媒必須仍保有活性。

● 7-4　幾種重要催化反應和觸媒的成分

在表 7-1 中，我們列出了比較常見的催化反應及其觸媒的主要成分。在表 7-2 中把觸媒分成幾類，同時也列出了該種觸媒的功用。希望這兩個表，能讓讀者對一般觸媒反應有概括性的瞭解。

▌表 7-1　典型的催化反應

反應種類	反應物	觸媒	生成物
氨之合成	N_2, H_2	在 Al_2O_3 載體上並含增觸劑 K 的鐵	NH_3
氨之氧化	NH_3, O_2	Pt-Rh	用以製造 NHO_3 的 NO
二氧化硫之氧化	SO_2, O_2	V_2O_5 或 Pt	用以製造發煙硫酸和硫酸的 SO_3
脂肪和食用油之氫化	H_2, 不飽和油	Ni	飽和油
媒裂	各種石油組成	矽石、氧化鋁和這些物質與分子篩的組合物	各種不同化合物
聚合	乙烯	Aluminum alkyls 和 $TiCl_4$ 在氧化鋁載體上的 MoO_3 或 CrO_3	聚乙烯
脫氫	乙苯	氧化鐵或鉻鋁氧觸媒	苯乙烯

▌表 7-2　不勻相觸媒的分類

種類	例子	化學反應
金屬	Fe, Ni, Pd, Pt, Ag	氫化作用 脫氫作用 氫解作用
半導體的氧化物 硫化物	NiO, ZnO, MnO$_2$ Cr$_2$O$_3$, Bi$_2$O$_3$, WS$_2$ WS$_2$	氧化作用 脫氫作用 去硫作用
絕緣氧化物	Al$_2$O$_3$, BiO$_2$, MgO	脫水作用
酸	H$_3$PO$_4$, H$_2$SO$_4$ BiO$_2$	聚合作用 異構化作用 裂解作用 烷化作用

● 7-5　固體表面的吸附

　　肉眼裡所看到的固體平滑表面，在顯微鏡下看來，其表面還是很粗糙的。這些粗糙的表面峰谷交錯。常有殘留力(residual force)的存在。在純晶體(pure crystal)的表面有非均勻力(nonuniform force)存在。這些在固體表面的力常集中在某些地方，這些地方叫做活化部位(active site)。由於殘餘力或不均勻力的關係，固體表面附近的氣體或固體分子會被吸到這些活化部位來。

　　吸附有兩種：一為物理吸附(physisorption)；另一為化學吸附(chemisorption)。此二者之不同點很清楚的交代在表 7-3 中。

▌表 7-3 物理吸附及化學吸附[10]

	物理吸附	化學吸附
吸 附 劑	所有固體	只有一些固體
吸 附 質	低於臨界溫度的所有氣體	只有一些會產生化學反應的氣體
溫 度 範 圍	低溫	一般為高溫
吸 附 熱	低（和凝結熱差不多） ＜4 kJ/g-mol	高（和反應熱差不多） 20~400 kJ/g-mol
速 率	很快	先快後慢
覆 蓋 層	有可能多層覆蓋	單層覆蓋
可 逆 性	可逆	常是不可逆
重 要 性	可用於決定表面積及微孔大小	可用於決定活化部位之面積及解釋化學反應動力學

對吸附和脫附現象有所了解以後，我們可以對在觸媒表面所進行的化學反應進行探討。在本章第一節的概述裡，我們已提到解釋催化反應的理論甚多，且尚無定論，但中間產物的產生是毫無疑問的。現在以固體觸媒的乙烯氫化作用為例，加以討論。

若無固體觸媒時，乙烯和氫的同相反應可寫成：

$$C_2H_4 + H_2 \rightleftharpoons C_2H_4 \cdot H_2 \rightarrow C_2H_6 \quad\text{............................(7-1)}$$

有 CuO/MgO 觸媒存在時，其反應機構(mechanism)甚為複雜，尚無被廣泛接受的機構提出。但若以下示的現象模式(phenomenological model)來解釋尚無不可。

$$C_2H_4 + X_1 \rightleftharpoons C_2H_4[X_1] \quad\text{..(7-2a)}$$

$$H_2 + [X_1]C_2H_4 \rightleftharpoons C_2H_4[X_1]H_2 \quad\text{...............................(7-2b)}$$

$$C_2H_4[X_1]H_2 \rightleftharpoons C_2H_6 + X_1 \quad\text{...................................(7-2c)}$$

　　其中 X_1 代表固態觸媒，$C_2H_4[X_1]H_2$ 代表反應物及觸媒間形成的錯合物。在此不勻相催化反應過程中，C_2H_4 先被吸附到觸媒表面的活化部位 X_1 上，形成錯合物 $C_2H_4[X_1]$。$C_2H_4[X_1]$ 再進一步和 H_2 構成另一錯合物 $C_2H_4[X_1]H_2$。最後錯合物分解，把生成物 C_2H_6 脫附，並回復觸媒表面的活化部位 X_1。

　　布達(Boudart)發現無觸媒存在時，和有觸媒(CuO/MgO)存在時的反應速率式分別為

無觸媒時

$$r_{hom} = 10^{27} \exp(-43,000/R_g T)C_{C_2H_4}C_{H_2} \quad \dots\dots\dots\dots\dots\dots\dots\dots (7\text{-}3)$$

有 CuO/MgO 觸媒時

$$r_{cat} = 2 \times 10^{27} \exp(-13,000/R_g T)C_{C_2H_4}C_{H_2} \quad \dots\dots\dots\dots\dots\dots (7\text{-}4)$$

若以 $600°K$ 時之反應速率相較，其比值為

$$\frac{r_{cat}}{r_{hom}} \simeq 10^{11} \quad \dots\dots\dots\dots\dots\dots\dots\dots\dots\dots\dots\dots\dots (7\text{-}5)$$

從這樣的比值來看，觸媒真的非常重要。

● **7-6　固體觸媒的物理性質**

　　一般的觸媒粒子大小在 0.5 公分左右，呈錠狀(tablet)、擠壓形(extrusion)、球形(sphere)、顆粒(granule)、粉狀(powder)或片狀(flake)。觸媒的大小和形狀可由圖 7-2 看出來。因為觸媒粒子的活性和其單位質量含有的面積成正比，因此粒子皆成多孔性。圖 7-3 所示的為一觸媒粒子的誇張圖。

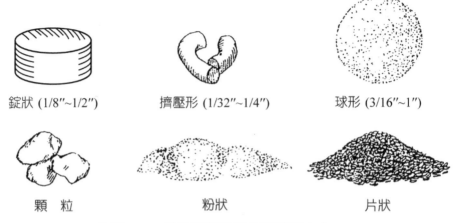

錠狀 (1/8″~1/2″)　　擠壓形 (1/32″~1/4″)　　球形 (3/16″~1″)

顆　粒　　　　　　粉狀　　　　　　片狀

▶ 圖 7-2　常用固體觸媒的形狀和大小

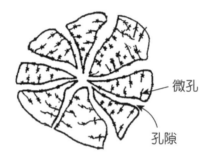

微孔

孔隙

▶ 圖 7-3　觸媒粒子的誇張圖[2]

　　由圖 7-3 可知，粒子內有大小不等之孔隙貫穿其間。這些孔隙之半徑約在 5,000Å 附近，有時粒子呈雙模式孔徑分布(bimodel pore size distribution)。5,000Å 為孔隙(pore)之半徑，50Å 為微孔(micropore)的半徑。

　　如上節所述，反應的前奏是吸附。而面積愈大則能吸附的分子愈多。因此，當體積或重量固定時，增加孔隙的表面積可以提高觸媒活性。在機械強度允許下，盡量加大其孔性。因此就引起比表面積測定(specific surface area determination)、比孔隙體積測定(spccific pore volume determination)、固體密度測定(solid density determination)和孔隙體積分布測定(pore volume distribution determination)等等許多問題。在討論這些問題以前，讓我們看看表 7-4 中所展示的幾樣觸媒之表面積比、孔隙體積比及平均孔隙半徑的值。

▌表 7-4　典型固體觸媒之比表面積、比孔隙體積及平均孔隙半徑

觸媒名稱	比表面積 (m^2/g)	比孔隙體積 (cm^3/g)	平均孔隙半徑 (Å)
活性碳(activated carbons)	500~1,500	0.6~0.8	10~20
矽膠(silica gels)	200~600	0.4	15~100
SiO-Al₂O₃ 裂解觸媒 (SiO-Al₂O₃ carcking catalysts)	200~500	0.2~0.7	33~150
活性粘土(activated clays)	150~225	0.4~0.52	100
活性礬土(activated alumina)	175	0.39	45
矽藻土(kieselguhr)	4.2	1.1	11,000
鐵（合成氨之觸媒） Fe(synthesize ammonia)		0.12	200~1,000
浮石(pumice)	0.38		
熔化銅(fused copper)	0.23		

在本節裡，將簡單討論固體觸媒的物理性質，若讀者想進一步瞭解，可參看參考文獻 3 和 5。

布朗－愛美－泰勒(BET)方法，是最常用的表面積測定方法。通常是在氮氣沸點(-195.8℃)及低於 1 atm 數個壓力下達到平衡時，量取氮氣在固體表面單層吸附的量來推算其吸附的表面積。所須注意到的是，由此測定的表面積並非催化作用的表面積。因為在觸媒表面只有活性部位有催化作用，除了活性部位的其他區域亦可吸附吸附質。如果觸媒是散布在載體(support)上時，有些載體並未被觸媒覆蓋，但還能吸附吸附質。因此所測定的面積是載體表面積，並非催化作用的表面積。

接著我們來介紹求觸媒孔隙體積的方法。將秤出重量的多孔性觸媒，置於不與之起反應（如水）的液體中，將之煮沸，使液體深入微孔中填滿。將之取出，把外表擦乾，秤重。把充滿液體後的粒子重量和乾粒子重相減，即得填充孔隙的液重，再由液體密度算出孔隙體積。

氦汞法(helium-mercury method)是量度孔隙體積和孔隙度(porosity)一個比較精確的方法。量度的方法是先將觸媒粒子置入一含氦的密閉室中，求其所排開的氦氣容積。此為固體不包括孔隙所佔的體積，再來是把觸媒粒子置入汞液中。因為汞液在一大氣壓下不會滲入觸媒的孔隙，所以，得到排開汞液的體積為固體含孔隙的容積。設前者體積為 V_1，後者為 V_2，則孔隙度 $\in$ 和 V_1、V_2 的關係如下：

$$\in = \frac{孔隙體積}{粒子總體積} = \frac{V_2 - V_1}{V_2} \quad\text{................}(7\text{-}6)$$

若以粒子質量 m_p，單位質量孔隙體積 V_g 和固體真密度(true solid density) ρ_s 來表示孔隙度，則下式成立

$$\in = \frac{m_P V_g}{m_P V_g + m_P / \rho_s} \quad\text{................}(7\text{-}7)$$

$$\in = \frac{V_g \rho_s}{V_g \rho_s + 1} \quad\text{................}(7\text{-}8)$$

$\in = 0.4$ 表示有百分之四十的孔隙和百分之六十的固體。

🔒 例題 7-1

有 4 到 12 網目大小的粒狀活化矽石(activated silica)。由氦汞實驗得到下面的數據：

$$樣品質量 = 101.5\,g$$

$$被排開的氦氣體積 = 45.1\,cm^3$$

$$被排開的汞液體積 = 82.7\,cm^3$$

試求該樣品的單位質量孔隙體積、固體真密度和孔隙度。

📖 解：

(a) 單位質量孔隙體積

$$V_g = \frac{82.7 - 45.1}{101.5} = 0.371\,cm^3/g = 3.71 \times 10^{-4}\,m^3/kg \quad \text{................} \quad (7\text{-}9)$$

(b) 固體真密度

$$\rho_s = \frac{101.5}{45.1} = 2.25\,g/cm^3 = 2.25 \times 10^{-3}\,kg/m^3 \quad \text{................} \quad (7\text{-}10)$$

(c) 孔隙度

$$\in = \frac{82.7 - 45.1}{82.7} = 0.455 \quad \text{................} \quad (7\text{-}11)$$

🔒 例題 7-2

　　某一氫化用觸媒為圓柱形顆粒，其質量為 3.15 g、容積為 3.22 cm³、孔隙體積為 0.645 cm³。試由這些數據計算

(a)顆粒密度，kg/m³　(b)單位質量孔隙體積，cm³/g

(c)孔隙度，－　　　　(d)固體百分率，%　　　(e)固相密度，kg/m³

📕 解：

(a) 顆粒密度

$$\rho_p = \frac{3.15}{3.22} = 0.978 \text{ g/cm}^3 = 9.78 \times 10^2 \text{ kg/m}^3 \quad \text{......................... (7-12)}$$

(b) 單位質量孔隙體積

$$V_g = \frac{0.645}{3.15} = 0.205 \text{ cm}^3/\text{g} = 2.05 \times 10^{-4} \text{ m}^3/\text{kg} \quad \text{..................... (7-13)}$$

(c) 孔隙度

$$\in = \frac{V_g}{1/\rho_p} = \frac{0.205}{1/0.978} = 0.2 \quad \text{... (7-14)}$$

(d) 固體百分率

$$\in_s = 1 - \in = 1 - 0.2 = 80\% \quad \text{.. (7-15)}$$

(e) 固相密度

$$\rho_s = \frac{顆粒質量}{顆粒容積 \times 固體百分率}$$

$$= \frac{3.15}{3.22 \times 0.8} = 1.22 \text{ g/cm}^3 = 1.22 \times 10^3 \text{ kg/m}^3 \quad \text{..................... (7-16)}$$

　　觸媒的物理性質中，不只孔隙體積的大小重要，微孔開口(pore openings)的大小也相當重要。在同一觸媒內，微孔開口的大小並非一致，有大小之分。孔隙的形狀相當複雜，非簡單的幾何形狀所能代表。但為求測定其大小，通常假設其為圓柱形。因此所假設觸媒的內部構造是，在固體內有大小不同而互相連通的管子穿插其中。

　　汞穿透法(mercury-penetration method)是比較普通的孔隙體積分布測定法。因為水銀具有很大的表面張力，不能滲入觸媒的孔隙中。若要使水銀滲入孔隙中必須加大壓力。壓力愈大，能滲入愈微小的孔隙。壓力和孔隙半徑成反比。一般而言，要滲入半徑為 10,000 Å 的孔隙須有 100 psi 的壓力。此法適用的範圍在 100~200Å 之間。更細的孔隙須有特別的高壓裝置。

　　氮吸附法是另一種測定孔隙體積分布的方法。以前所提到的氮吸附實驗是，氮氣壓力達到接近飽和值時，吸附及凝結的氮氣充滿所有的孔隙。然後將壓力逐步降低，在每個壓力時，測定氮氣蒸發及脫附之量。因為孔隙大小會影響孔隙中液體蒸發的蒸氣壓，根據這些數據即可繪成

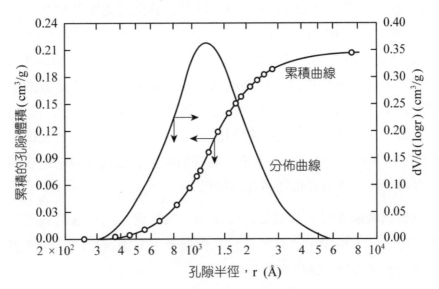

▶圖 7-4　觸媒粒子中之孔隙體積分布[10]

脫附容積和孔隙半徑之關係圖。也就是孔隙體積分布圖。此法不適用於大於 200 Å 的孔隙。

圖 7-4 為實驗所得到的某觸媒粒子之孔隙體積分布圖。由圖 7-4 可知，這種觸媒絕大部分的孔隙半徑為 1.2×10^3 Å。

● 7-7　固體觸媒的製備

前面我們提過：只有觸媒的化學成分不足以決定其活性。像比表面積、孔隙之孔徑、粒子大小和粒子結構等等的物理性質都會影響到觸媒之活性。而觸媒的製備過程也會影響這些物理性質。觸媒有兩類：一類是觸媒本身就具有活性；另一類是活性物質分散在多孔載體上面。這兩類觸媒在製備上有很大的不同。一般說來前者之製備是用沉澱法 (precipitation)、凝膠法(gel formation)或組成物混合法。

沉澱法可使固體物質以多孔形態出現。沉澱法是先加沉澱劑於需要成分的水溶液中，再將它沉澱出來，然後加以洗滌、乾燥，有時還加以煅燒(calcination)和活化(activation)。現在以氧化鎂觸媒為例加以說明。首先，我們以碳酸鈉(sodium carbonate)為沉澱劑加到鎂的硝化溶液(nitrate solution)中，把 $MgCO_3$ 沉澱出來。然後將 $MgCO_3$ 加以洗滌、乾燥和煅燒，最後可以得到氧化鎂觸媒。在製備過程中，水溶液的濃度、溫度、乾燥時間的長短和煅燒步驟都會影響到最後成品的比表面積和孔隙的結構。在洗滌過程中必須特別注意把雜質除掉，否則日後很容易造成觸媒的中毒(poison)。由上看來，觸媒的配製必須很嚴謹的遵守製備處方，否則不易生產出有相同活性的觸媒。

凝膠法製備觸媒，其實是沉澱法的一個特例。只不過沉澱出來的是一種膠體而已。觸媒中含有矽石和氧化鋁者尤其適合於以凝膠法製備，因為它們的沉澱物都是以膠質形態出現。

有些觸媒可以下法製備：把活性物質的成分和水混合及磨細，使粉粒達到要求的大小規格，然後乾燥和煅燒。含有氧化鎂和氧化鈣的觸媒可以此法配製：碳酸鎂和碳酸鈣的混合物先以濕法磨細，經過擠壓(extrusion)和乾燥以後，在烘箱內加熱還原，即可得到所要的觸媒。此即組成物混合法以製備固體觸媒。

有時候，活性物質本身不易製成多孔形態或它本身太貴（像白金、鎳或銀之類）時，我們通常把活性物質分散在一個惰性的多孔物質（即載體）上。

把活性物質浸漬(impregnate)在載體上的步驟包括：(1)把載體抽空、(2)使載體和浸漬溶液接觸、(3)除去多餘的溶液、(4)乾燥、(5)煅燒和(6)活化。現在以氫化作用中的鎳觸媒為例加以說明。首先把抽空的氧化鋁粒子浸漬於硝酸鎳溶液中，使載體孔隙內到處充滿硝酸鎳。然後把多餘的溶液除掉，把含有硝酸鎳的氧化鋁粒子置於烘箱中，使硝酸鎳分解成氧化鎳。最後把含有氧化鎳的氧化鋁粒子置於反應器中，通入氫氣加以還原。如果含浸液中有氯化物和硫酸鹽的毒化物質時，須加以沉澱，然後洗掉可能的毒化物質。

由上法製備出來的觸媒中，載體的性質會影響到觸媒的活性和選擇性。據推測，其原因在於載體能影響被分散活性物質之原子結構。比如說，在矽石載體上白金觸媒的電子結構就和氧化鋁載體上白金觸媒的電子結構不一樣。

● 7-8　固體觸媒的衰化

有些觸媒在使用過一段時間後，它的活性會逐漸降低。這樣會影響觸媒效率，因此，我們必須找出它的衰化原因，並加以活化。下面我們要先談談觸媒衰化的現象，然後再談因應衰化的一般原則。

⏩ 7-8-1 觸媒的衰化現象

一般說來觸媒衰化的原因有下列數種：

1. **中毒**：觸媒吸附反應物流體中的硫、磷、氮等化合物或某些金屬而發生的衰化現象。例如，硫化物會對鎳觸媒產生毒化作用。

2. **焦化覆遮**：反應物或生成物因含有分子量較大且沸點較高的不飽和碳氫化合物，或是碳氫化合物因裂解生成碳粒，或不飽和碳氫化合物，而將觸媒活性表面覆遮的現象。石油裂煉程序所用的觸媒極易發生這種現象。這種現象也常和中毒現象同時發生，例如重油中的鐵和釩也會被觸媒吸附而沉積在觸媒上。

3. **金屬的燒結或金屬與載體反應**：載體觸媒在高溫下，其表面的金屬因燒結或金屬與載體反應，以致活性降低。異構化反應用的鉑載體觸媒會因此種現象而衰化。

4. **載體結構改變**：在高溫下，載體本身的結構發生變化。結果不僅引起觸媒強度降低，亦會使擴散係數大幅度改變。以氧化鋁為載體的觸媒在高溫下容易發生這種現象。

5. **昇華和揮發**：載體上具有觸媒活性的成分（如製造氯乙烯單體的氫氯化程序(hydrochlorination process)中，所用的 $HgCl_2$ 觸媒）常因操作溫度超過其昇華點或沸點，而形成氣態，從觸媒載體中逸出。

6. **破裂粉化**：觸媒粒子因流體的沖刷、碰撞、溫度和壓力的急劇變化或高溫結構改變而有破裂粉化的現象。

⏩ 7-8-2 觸媒衰化的因應方法

下面我們將敘述因應衰化的原則和方法。

（一）除去反應物中的毒物

欲除去反應物中的毒物，可在反應器之前裝設護床(guard bed)或純化系統(purification system)。護床為一個填裝觸媒或吸附劑的裝置。護床內的觸媒多採用跟反應器內觸媒同類但較便宜者。它可以一直使用到不再具有吸附毒物的能力後丟棄。例如：反應器內用鉑觸媒，則護床可用鎳觸媒或其他吸附劑。也有用跟反應器內觸媒相同者，但為了避免發生化學反應，會在較低的溫度下操作，或只讓含有毒物的流體流過護床，而不含有毒物的流體則繞過護床直接流入反應器。實驗室中所用除去氫中之氧的去氧裝置(deoxo unit)即為一例。

護床的操作方式可分為兩種；一種是只有一個護床，一直使用到吸附毒物的能力很低時，再將它再生。另一種是有兩個並列的護床，當一個吸附毒物時，另一個則予以置換或再生。後者多用於衰化較迅速的情況。

廣義而言，純化系統應包括護床在內。一般純化是利用化學反應將所含毒物轉化為非毒性化合物，或利用吸收塔除去反應物中之毒物。煉油廠中之加氫脫硫程序和製氨工廠將氫氣中的一氧化碳除去以免對觸媒發生毒化作用，皆為熟知之實例。

（二）改進觸媒的品質

我們可以添加抑制劑、促進劑或接合劑等來改善觸媒的性質，防止衰化和增加導熱係數；或採用特別型態的觸媒以拉長觸媒的使用期限。

1. 添加中毒抑制劑

有些觸媒可以添加某種化合物來抑制毒化現象。例如，鎳觸媒中加入硫化物可以抑制硫化物對鎳的毒化作用。

2. 調整添加劑，減少焦化現象

適當地調整烷化和異構化觸媒的酸性，可以降低焦化作用。

3. 採用適當的載體或添加適當的接合劑

為了增加觸媒的強度使它能承受強烈的撞擊，或在高溫下，不易發生結構性變化，可在載體或觸媒中加入適當的接合劑。

4. 添加高導熱係數的物質

觸媒常因導熱係數欠佳，發生局部過熱而引起副反應，或焦化作用。若加入適當的物質，如石墨和氧化鋁等，以增加導熱係數，則可減少上述因局部過熱而引起的現象。

5. 採用特別型態的觸媒

應用於石油煉製的觸媒（如 FCC 觸媒）常因焦化作用及吸附重金屬（如釩和鐵）而發生覆遮現象。此種覆遮現象通常從觸媒外面發生，且時間愈長愈嚴重，終將孔道堵住，而使得觸媒內之活化部位失去作用。為了改善這種缺失，美國有幾家石油和觸媒公司的研究部門，正研發外面孔隙大而裡面孔隙小的觸媒，藉此增長觸媒使用的年限。

（三）選用適當的反應器和再生器

避免選用易發生局部過熱現象的反應器或再生器。例如，對於高度放熱的反應，不宜採用大管徑的管狀反應器，而改採用小管徑的管狀反應器、加裝中間冷凝器的固定床反應器（如圖 7-5）、流體化床反應器或移動床反應器。因前者易發生熱點(hot spot)而後者易傳熱且溫度較均勻。

對於極易發生暫時性衰化的觸媒反應，則宜採用反應器與再生器合併的系統。石油觸媒裂煉程序 FCC 和 TCC 就是採用這種系統。當然選用這類反應器和再生器應注意熱傳的設計。

採用管狀反應器而欲避免局部過熱時，除上面提到減小管徑以增加傳熱速率外，亦可用「觸媒沖稀法」(catalyst dilution)。此法是將管狀反應器分成數段，各段用不同比率的惰性固體粒子和觸媒混合，以降低反應速率，從而減少因反應產生的熱量。此種沖稀法已應用在氯乙烯單體的製造上。

　　此外還有一種固定床反應器叫做徑向流反應器（radial-flow reactor，見圖 7-6），它是將觸媒裝於厚度較小，長圓筒形的金屬網籠內，由於徑向觸媒厚度小，不易發生熱點，已有工廠採用此種反應器。製造苯乙烯的反應器即為一例。

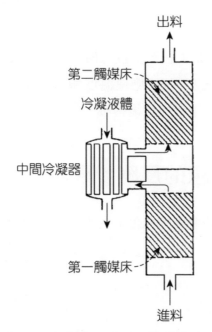

▶圖 7-5　加裝中間冷凝器的固定床反應器[10]

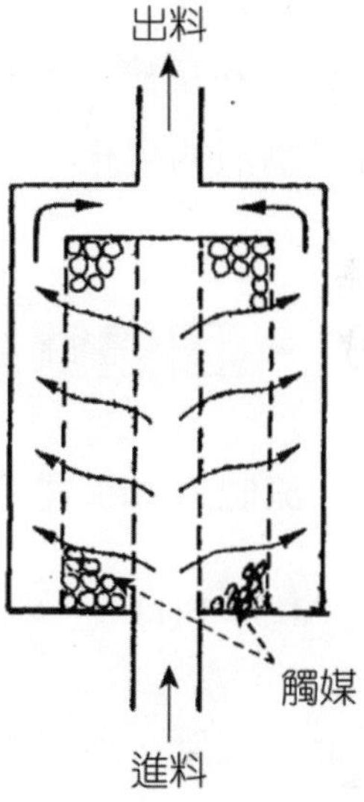

▶圖 7-6　徑向流固定床反應器[12]

（四）選擇適當的操作條件

　　前述發生局部過熱的現象，除與反應器的型式有關外，操作條件不適當也是發生的原因。舉凡流體的進口溫度太高、流速太低、冷媒流量太小、反應物濃度過高等，都有可能引起過熱現象。

　　此外，適當地調整反應物的比例，可減少焦化現象。例如，在碳氫化合物的蒸氣重組反應中，酌量提高蒸氣用量可收到抑制焦化的功效。又如，鉑觸媒因焦化覆遮而衰化後，在再生程序中，適度地調整空氣（或氧）的流量可避免鉑觸媒因燃燒發生高熱而引起的燒結現象。

（五）注意反應器和再生器起動和停工的方法

　　有些觸媒對於溫度和壓力的突變相當敏感，常因此種突變而發生破裂粉化的現象。粉化後，不但會引起空隙度的改變，壓力降的增加，阻塞流道而導致旁流(bypassing)和發生熱點，也會因粉末隨流體流出反應器或再生器，導致操作和處理上的麻煩。

　　為了避免或減少此種現象的發生，除了在製備觸媒時增加其強度和抗磨損力外，在反應器和再生器開工和停工時，應使溫度和壓力緩慢地增減，避免劇烈的變化。（註：本節經原作者同意後轉載[11]）。

● 7-9　　固體觸媒催化反應的反應步驟

　　設有一流體 A 和流體 B，在某一固體觸媒的催化下生成流體 C 和 D。

$$A(f) + B(f) \longrightarrow C(f) + D(f) \quad\text{..} (7\text{-}17)$$

為了完成此一反應，所經過的步驟如下述：

1. 流體 A 和流體 B 的分子由觸媒外的整體流體(bulk fluid)，經由擴散現象傳送到觸媒粒子表面。在固體觸媒表面附近因流體濃度的不同，形成一薄膜似的區域，流體 A 和流體 B 的分子就是穿過此一薄膜到達流／固界面。

2. 流體 A 和流體 B 的分子由觸媒表面，穿過觸媒內的孔隙(pore)到達孔隙內部表面。

3. 流體 A 和流體 B 的分子被吸附(adsorb)到觸媒內部活化部位。

4. A 和 B 在觸媒內部表面上發生化學反應變成生成物流體 C 和流體 D。

5. 流體 C 和流體 D 脫附(desorb)離開觸媒孔隙表面。

6. 流體 C 和流體 D 經由孔隙擴散到觸媒外部表面。

7. 流體 C 和流體 D 穿過流體薄膜到達整體流體。

這些物理步驟和化學步驟表示在圖 7-7 中。圖 7-8 是把每一個步驟用一個圖表示出來。

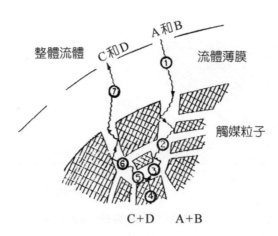

▶圖 7-7　不勻相催化反應所經歷的物理步驟和化學步驟[1]

　　第一步驟和第七步驟是相類似的，都是流體分子在流體薄膜內的質量傳送。第二步驟和第六步驟是相似的，都是流體分子在孔隙內擴散。第三步驟和第五步驟是相對應的：一為吸附，一為脫附。一般學者為簡化整個程序，將第三步驟、第四步驟和第五步驟合併成一步驟而總稱為化學反應。

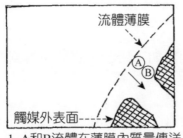

1. A和B流體在薄膜內質量傳送

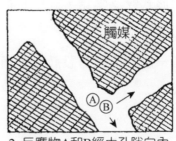

2. 反應物A和B經由孔隙向內擴散

▶圖 7-8　不勻相催化反應的每一個步驟[5]

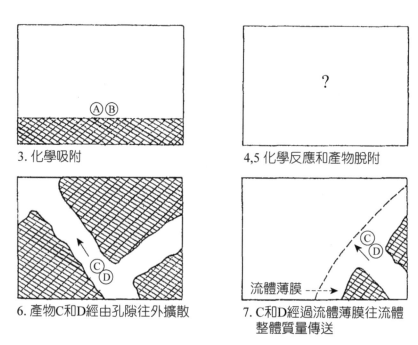

3. 化學吸附

4,5 化學反應和產物脫附

6. 產物C和D經由孔隙往外擴散

7. C和D經過流體薄膜往流體整體質量傳送

流體薄膜 ‑‑‑‑→

▶ 圖 7-8　不勻相催化反應的每一個步驟[5]（續）

● 7-10　固體觸媒催化反應之速率方程式

在上一節中，我們提到了一般人都把吸附、反應和脫附三個步驟合併，統稱化學反應。雖然有人以活化部位理論(active site theory)來解說這三個步驟，並以假設的反應機構導出反應速率方程式，但這些速率方程式的形式較為繁雜，式中有很多速率常數的值必須知道，才能有效的應用到反應器設計中。

在一般的反應器設計上，通常都利用如下所示，實驗所得到的經驗方程式：

不可逆反應

$$-r_A = kC_A \quad\text{...} (7\text{-}18)$$

$$-r_A = kC_A^n \quad\text{...} (7\text{-}19)$$

$$-r_A = \frac{kC_A}{1 + k_1 C_A} \quad\text{...} (7\text{-}20)$$

$$-r_A = \frac{kC_A}{(1 + k_1 C_A)^2} \quad\text{...} (7\text{-}21)$$

可逆反應

$$-r_A = k(C_A - C_{Ae}) \quad\text{...} (7\text{-}22)$$

$$-r_A = \frac{k(C_A - C_{Ae})}{1 + k_1 C_A} \quad\text{.................................} (7\text{-}23)$$

$$-r_A = \frac{k(C_A - C_{Ae})}{(1 + k_1 C_A)^2} \quad\text{.............................} (7\text{-}24)$$

如果有兩個以上的反應物時，可用與上面諸式相類似的速率式。

● 7-11　考慮質量傳送時的速率方程式

在 7-9 節中我們談過，反應物氣體必須先穿過氣體薄膜到達觸媒粒子表面，然後一面在孔隙內擴散，一面反應。這三個步驟中任一個阻力最大（即速率極慢）的，就會控制整體反應速率（即整體反應速率與該步驟的速率相等）。在本節中我們將先假設薄膜阻力極大，探討薄膜內質量擴散和那些變數有關。然後假設薄膜無阻力，反應物氣體在孔隙內擴散速率和化學反應速率都重要的情況下來討論這兩個步驟間的相互關係。

如果薄膜阻力很大,而控制了整體速率時,反應物氣體 A 在薄膜內的質量傳送速率 W_A 可用下式來表示:

$$W_A = k_m S_P (C_{Ab} - C_{As})$$ .... (7-25)

其中 S_P 是觸媒粒子的外圍面積,C_{Ab} 為整體流體濃度,C_{As} 為觸媒粒子表面的反應物濃度,k_m 則為質量傳送係數(mass transfer coefficient),其值和流體性質、速度和觸媒粒子的形狀及大小有關。質量傳送係數通常以無因次的謝塢數(Sherwood number)來表示。

$$Sh = \frac{k_m d_P}{D}$$ .... (7-26)

其中 D 是擴散係數(diffusivity),d_P 是粒子的有效粒子直徑(effective particle diameter),它是和粒子有相同體積之球的直徑:

$$\pi d_P^2 / 4 = S_P$$ .... (7-27)

謝塢 Sh 的值隨雷諾數(Reynolds number)Re 的值和史密特數(Schmidt number)Sc 的值變動而變動,較著名的關係式是由拓多(Thodos)提出來的。

$$Sh = \frac{0.725 \, Sc^{1/3} \, Re}{Re^{0.41} - 0.15}$$ .... (7-28)

其中

$$Re = \frac{\rho \, d_P \, u}{\mu}$$ .... (7-29)

$$Sc = \frac{\mu}{\rho \, D}$$ .... (7-30)

$\rho =$ 流體密度 .... (7-31)

$u =$ 流體速度 .... (7-32)

由上列諸式看來，我們知道 Sc 或 Re 值的改變都足以影響 Sh 值。又若流體種類固定和觸媒粒子大小不變時，能改變 Sh 值的只有流體速度 u 了。因此，我們發現流體速度愈大，則 Sh 值愈大，亦即 k_m 值愈大，k_m 值愈大即質量傳送愈快。換句話說薄膜阻力變小。

下面我們要討論的情況是，薄膜阻力極小而孔隙內氣體 A 擴散速率和反應速率都重要的情況時，這兩種阻力的大小，對整體反應速率的影響。首先我們將做質量均衡，求得反應物氣體 A 濃度的微分方程式，解出後得到氣體 A 濃度的分布關係，藉此來探討孔隙擴散和化學反應的重要性。

為求數學處理方便起見，我們對平板觸媒作仔細的分析，然後再推廣到圓柱形和球形的觸媒中。

有一平板觸媒（這種形狀的觸媒很少看到，常見的是球狀或短圓柱狀）如圖 7-9 所示，其邊緣被封掉。反應物 A 只能由兩邊的表面擴散(diffuse)進入觸媒內部，進行一階化學反應。假設此反應在等溫況下進行，則對圖 7-9 所示的微分元素(differential element)在穩態(steady state)下，A 的質量均衡方程式如下：

$$[\text{A擴散進入的速率}] - [\text{A擴散離開的速率}] = [\text{A因化學反應消失的速率}]$$

.... (7-33)

$$S \cdot \widetilde{N}_A \big|_x - S \cdot \widetilde{N}_A \big|_{x+\Delta x} = S \cdot \Delta x \cdot \rho \cdot S_g k C_A \quad \text{.. (7-34)}$$

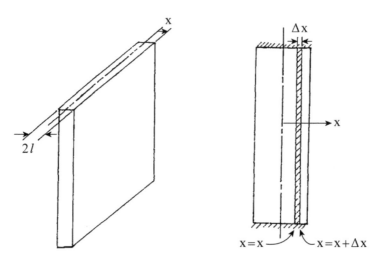

▶圖 7-9 平板觸媒

上式中 S 為擴散的有效面積，$\widetilde{N}_A$ 為單位時間、單位面積氣體 A 穿過的摩爾數，ρ 是觸媒密度，S_g 為單位質量觸媒所擁有的孔隙表面積。將式(7-34)整理後可得

$$\frac{\widetilde{N}_A\mid_{x+\Delta x} - \widetilde{N}_A\mid_x}{\Delta x} = \rho S_g k C_A \quad\text{...} \text{(7-35)}$$

取極限(limit)並令 Δx 趨近於零後得到

$$\frac{d\widetilde{N}_A}{dx} = -\rho S_g k C_A \quad\text{...} \text{(7-36)}$$

在等摩爾逆向擴散的情況下，氣體在多孔性物質內的擴散通量(diffusive flux) $\widetilde{N}_A$ 可以下式表示：

$$\widetilde{N}_A = -D_e \frac{dC_A}{dx} \quad\text{...} \text{(7-37)}$$

其中 D_e 是有效擴散係數(effective diffusivity)，它的值和壓力、溫度及觸媒孔隙構造都有關係，通常是利用實驗方法求得。

將式(7-37)代入式(7-36)並假設 D_e 為定值，可得

$$\frac{d^2C_A}{dx^2} = \frac{\rho S_g k}{D_e} C_A \quad\text{(7-38)}$$

若將 λ^2 定義為

$$\lambda^2 \equiv \frac{\rho S_g k}{D_e} \quad\text{(7-39)}$$

則式(7-38)可寫成

$$\frac{d^2C_A}{dx^2} = \lambda^2 C_A \quad\text{(7-40)}$$

要解這個微分方程式時，必須有兩個邊界條件(boundary conditions)，現在說明如下：在觸媒平板中心，濃度 C_A 對中心線對稱。又在觸媒表面，反應物 A 的濃度為已知 C_{AS}。因此邊界條件為

B.C.1. 在 x = 0 時，$\dfrac{dC_A}{dx} = 0$ .... (7-41)

B.C.1 在 x = l 時，$C_A = C_{AS}$ .... (7-42)

解式(7-40)並代入式(7-41)及式(7-42)的邊界條件，可得濃度 C_A 的分布方程式

$$C_A = C_{AS}\frac{\cosh \lambda x}{\cosh \lambda l} \quad\text{(7-43)}$$

為了量度孔隙擴散阻力(pore diffusion resistance)對整體反應速率的影響，我們可定義一個有效度因數 η 如下。

$$\text{有效度因素 } \eta \equiv \frac{\text{觸媒內部實際反應速率}}{\substack{\text{若觸媒內部的反應物濃度和流／固界面} \\ \text{的濃度相等時的反應速率}}} \quad\text{(7-44)}$$

在式(7-44)中代入適當的表示式可得

$$\eta \equiv \dfrac{\dfrac{2}{2l}\int_0^l \rho S_g k C_{AS} \dfrac{\cosh \lambda x}{\cosh \lambda l} dx}{\rho S_g k C_{AS}}$$

$$= \dfrac{\tanh \lambda l}{\lambda l} \quad\text{(7-45)}$$

通常我們令 $h \equiv \lambda l$，而稱 h 為希拉模數(Thiele modulus)，因為 h 影響著 η 的大小。η 和 h 的關係可以由式(7-45)改寫成式(7-46)，並且繪於圖 7-10 中。

$$\eta = \dfrac{\tanh h}{h} \quad\text{(7-46)}$$

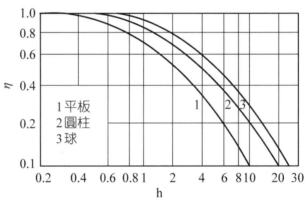

▶圖 7-10　有效因數 η 和希拉模數 h 之關係

以上所示者為平板觸媒的情況。若觸媒形狀為圓柱形而半徑為 l 時，有效度因數 η 和希拉模數 h 的關係為

$$\eta = \dfrac{2}{h} \dfrac{I_1(h)}{I_0(h)} \quad\text{(7-47)}$$

式中 I_0 和 I_1 為修正貝色函數(modified Bessel function)。

若觸媒為半徑 l 之球時，η 和 h 之關係是

$$\eta = \frac{3}{h} \frac{h \coth - 1}{h} \quad \text{..} (7\text{-}48)$$

由圖 7-10 知道，不管平板、圓柱或球形觸媒，當 h 值小時，η 值大。我們可由 h 和 η 的定義來討論其物理意義：

$$\eta \equiv \frac{觸媒內部實際反應速率}{\begin{array}{c}若觸媒內部的反應物濃度和流／固界面\\的濃度相等時的反應速率\end{array}} \quad \text{....................} (7\text{-}49)$$

$$h \equiv \ell \left(\frac{\rho S_g k}{D_e} \right)^{\frac{1}{2}} \quad \text{..} (7\text{-}50)$$

式中 l 的值在平板時是平板的一半厚度，圓柱和球時皆為半徑。η 值大時，表示固體觸媒內部的反應物濃度 C_A 值較大，因此實際速率較大。h 值小時，表示反應速率常數 k 小，有效擴散係數 D_e 大。亦即擴散快，反應慢。因此 h 值小時，η 值大，完全合乎推斷：反應慢、擴散快使觸媒內部反應物 A 濃度增高，整體反應加速，提昇 η 值。η 的最大值為 1。亦即反應物 A 濃度在流／固交界面和固體內部完全一樣。這表示反應過程的兩個阻力中，化學阻力比擴散阻力大很多，稱為化學反應控制 (chemical reaction control)。

如果 h 值極大，而 η 值極小時，化學反應速率較擴散速率為大，使觸媒內部反應物濃度 C_A 急劇下降。造成觸媒內部實際反應速率趨近於 0。在 h 趨近 ∞ 時，我們可得式(7-51)之漸近式：

$$\eta = \frac{1}{h} \quad \text{...} (7\text{-}51)$$

在這個極限稱為擴散控制 (diffusion control)。

現在我們再回頭來看有效度因數 η 的定義。式(7-44)可以寫成

$$\eta = \frac{-r_A}{\rho S_g k C_{AS}} \qquad (7\text{-}52)$$

或

$$-r_A = \eta \rho S_g k C_{AS} = \rho S_g k C_A \qquad (7\text{-}53)$$

由上式，我們很容易看出，如果知道某一特定反應觸媒之有效度因數的值，再加上反應速率常數值和觸媒表面反應物 A 濃度的值知道以後，我們就可以知道實際反應速率了。

在化學反應控制的情況下，$\eta = 1$，式(7-53)就變成

$$-r_A = \rho S_g k C_{AS} \qquad (7\text{-}54)$$

在擴散控制的情況下，$\eta = \dfrac{1}{h}$，所以式(7-53)變成

$$-r_A = \frac{\rho S_g k}{h} C_{AS} \qquad (7\text{-}55)$$

🔒 例題 7-3

有一個一階的氣體反應，在球形觸媒內進行。在沒有擴散阻力的情況下，且

$$C_A = 1 \times 10^{-3} \text{ g-mol/cm}^3 \qquad （1\,\text{atm} 和 400°C） \qquad (7\text{-}56)$$

時，其反應速率為

$$-r_A = 1 \times 10^{-5} \text{ g-mol/(s·cm}^3 \text{ cat)} \qquad (7\text{-}57)$$

如果觸媒的比表面積為 $S_g = 100\,m^2/g$ ，固體密度為 $\rho = 4\,g/cm^3$ ，反應物 A 的有效擴散係數 $D_e = 10^{-2}\,cm^2/s$ 時，試問觸媒粒子的半徑要在多少 cm 以下才不會受到擴散的影響。

解：

式(7-54)告訴我們，在化學反應控制的情況下

$$-r_A = \rho S_g k C_{AS} \quad\text{...} (7\text{-}58)$$

$$\rho S_g k = \frac{-r_A}{C_{AS}} = \frac{1\times10^{-5}}{1\times10^{-3}} \quad\text{...................................} (7\text{-}59)$$

$$\rho S_g k = 10^{-2}\,1/s \quad\text{...} (7\text{-}60)$$

由圖 7-10 可看出，觸媒是球體，且 $h<1$ 時， $\eta \approx 1$ ，即無擴散影響。希拉模數定義式為式(7-50)。

$$h = l\sqrt{\frac{\rho S_g k}{D_e}} \quad\text{...} (7\text{-}61)$$

$$1 = l\sqrt{\frac{10^{-2}}{10^{-2}}} \quad\text{..} (7\text{-}62)$$

$$l = 1\,cm = 1\times10^{-2}\,m \quad\text{..} (7\text{-}63)$$

因此當觸媒粒子的半徑小於 1 cm 時，擴散作用不會影響到總速率。

● 7-12　重點回顧

　　觸媒的應用，加速了化學反應，而人們對觸媒的瞭解有限。這一章裡面我們對觸媒做了簡略的介紹。然後對觸媒固體表面之吸附和觸媒的物理性質像孔隙率、孔隙大小和比表面積等加以介紹。

　　觸媒的製備方法有沉澱法、組成物混合法和含浸法。觸媒製程不同，會有不同的活性。

　　觸媒用久以後會衰化，我們對衰化的原因作了介紹，並提出防治之道。

　　接著，我們把催化反應過程中的七個步驟提出來。並以數學模式說明其中的擴散步驟和反應步驟。由此我們可算出反應物濃度在粒子內的分布。我們也順便介紹了有效度因數的定義和它的用途。

習題 ● ● ● ●

一、選擇題

(　) 1. 觸媒內的載體　①會　②不會　參加化學反應。

(　) 2. 在固體觸媒催化反應中，如果孔隙擴散阻力大時，有效度因數的值，會　①變小　②變大　③不變。

(　) 3. 有效度因數的值在　①吸熱反應　②放熱反應　③等溫反應的情況下會大於一。

(　) 4. 觸媒　①會降低　②會升高　③不會改變　化學反應熱。

(　) 5. 觸媒　①會降低　②會升高　③不會改變　化學反應活化能。

(　) 6. 在固體觸媒催化反應的反應步驟中，氣體薄膜內質量傳送阻力通常較孔隙內擴散阻力為　①小　②大　③一樣。

(　) 7. 觸媒內孔隙的長度如果較長時，孔隙內部反應物濃度會較　①低　②高　③不變。

(　) 8. 觸媒可　①降低　②升高　③不改變　化學反應的反應熱。

(　) 9. 化學吸附　①只是單層覆蓋　②有可能多層覆蓋。

(　) 10. 物理吸附在　①低溫　②高溫　下進行。

(　) 11. 常用的比表面積測定方法是　①氦汞法　②BET 法　③汞穿透法。

(　) 12. 觸媒粒子內有碳分子覆蓋的現象稱之為　①燒結　②焦化遮覆　③中毒。

二、問答題及計算題

13. 觸媒衰化的原因有那些？請簡要說明之。

14. 寫出下列不勻相催化反應所經歷之各個物理步驟及化學步驟。

$$A(g) \xrightarrow{\text{觸媒}} C(g) \qquad\qquad\qquad (7\text{-}64)$$

15. 何種吸附的速率是先快後慢？

16. 氦汞法用來量度何種觸媒粒子的性質？

17. 孔隙率如何定義？

18. 有效度因數(effectiveness factor)如何定義？

19. 固體觸媒之下列各種性質，應各以何種實驗來量度，請寫出實驗方法名稱。
    (a)比表面積　　(b)孔隙體積　　(c)固體真密度　(d)比孔隙體積分布

20. 比較物理吸附及化學吸附之不同，試填下列之空格：

	物理吸附	化學吸附
吸附質		
溫度範圍		
吸附熱		
可逆性		

21. 試繪出有效度因數 η 和希拉模數 h 之關係圖。

22. 有兩種矽鋁觸媒(silica-alumina catalyst)，其密度分別為 1.126 和 0.962 g/cm^3（粒子體積）。由比重瓶(pycnometer)測得此兩種觸媒的固體真正密度相同，其值為 2.37 g/cm^3。用 BET 方法測得此二觸媒的比表面積不同，分別為 467 m^2/g 和 372 m^2/g。試問何者的孔隙平均孔徑較大。

23. 在無孔隙擴散阻力的情形下，我們測得某個一階不勻相催化反應的速率如下：

$$-r_A = 100 \text{ g-mol} / (\text{s} \cdot \text{m}^2 \text{觸媒}) \dots\dots\dots\dots\dots (7\text{-}65)$$

$$C_A = 10^{-5} \text{ g-mol} / \text{cm}^3 \qquad （1 \text{ atm 和 } 400°C） \dots\dots\dots (7\text{-}66)$$

氣體反應物 A 在觸媒中的有效擴散係數 D_e 為 10^{-3} cm^2/s。觸媒比表面積為 $100 \text{ m}^2/\text{g}$，顆粒密度 $\rho = 2$ g/cm^3。試問球形觸媒的直徑不能大於若干才不致於降低反應速率？

24. 試由質能均衡導出球形觸媒的有效度因數 η 與希拉模數 h 之關係式 (7-48)。

25. 有個一階不可逆反應，在一半徑為 0.2 cm 的多孔性觸媒球內，產生化學反應 $A \to R$。假設

有效擴散係數　　$D_e = 0.015$ cm^2/s $\dots\dots\dots\dots\dots\dots\dots\dots$ (7-67)

$$k\rho S_g = 0.93 \text{ 1/s} \quad （100°C \text{ 時}） \dots\dots\dots\dots\dots (7\text{-}68)$$

活化能　　　　　$E = 20$ kcal/g-mol $\dots\dots\dots\dots\dots\dots\dots\dots$ (7-69)

(1) 反應物氣體 A 在觸媒球表面的濃度 $C_{AS} = 3.25 \times 10^{-2}$ g-mol/L (100°C)，試問在 100°C 時，整體反應速率 ($-r_A$) 為多少 g-mol/(L·s)？

(2) 如果有效擴散係數的值不變，試問 150°C 的整體反應速率是多少 g-mol/(L·s)？

(3) 試求 $\dfrac{(-r_A)_{150}}{(-r_A)_{100}}$ 和 $\dfrac{(\eta)_{150}}{(\eta)_{100}}$ 的值。

參考文獻

1. Aris, R, "Elementary Chemical Reactor Analysis" (1967).

2. Carberry, J.J., "Chemical and Catalytic Reaction Engineering" (1976).

3. Coulson, J.M. and J.F. Richardson, "Chemical Engineering" Vol.III (1971).

4. Fogler, H.S., "Elements of Chemical Reaction Engineering" 2nd Ed. (1992).

5. Hill, C. G. Jr., "An Introduction to Chemical Engineering Kinetics & Reactor Design" (1997).

6. Holland, C.D. and R.G. Anthony, "Fundamentals of Chemical Reaction Engineering" (1979).

7. Hougen, O.A. and K.M. Watson, "Chemical Process Principles, Part III Kinetics and Catalysis" (1973).

8. Levenspiel, O., "Chemical Reaction Engineering", 2nd Ed. (1972).

9. Perry, J. H., "Chemical Engineers' Handbook" , 4th Ed. (1963).

10. Smith, J .M., "Chemical Engineering Kinetics", 2nd Ed. (1970).

11. Thomas, J.M. and W.J. Thomas, "Introduction to the Principles of Heterogeneous Catalysis" (1967).

12. 翁鴻山，化工，101, 45 (1978)。

● 8-1　概　述

不勻相催化反應之過程，包括了氣體擴散和化學反應，因此整體反應速率除了受到化學反應速率的影響外，也會受到氣體擴散的影響。我們在第七章裡面定義了有效度因數，由於有效度因數之運用，我們可以以觸媒粒子表面之氣體濃度來表示整體速率：

$$-r_A = \eta k' C_{AS} \quad\text{...}\quad (8-1)$$

如果反應系統中，無氣體擴散影響，$\eta = 1$，則上式可寫成

$$-r_A = k' C_{AS} \quad\text{...}\quad (8-2)$$

因為 η 和 k'，都是常數，可加以合併成 $k = \eta k'$，所以

$$-r_A = k\, C_{AS} \quad\text{...}\quad (8-3)$$

不管式(8-2)或式(8-3)，我們都可以以類似勻相反應的方式來處理。不過反應器的形式稍有不同，將在本章中加以介紹。

勻相反應時，r_A 的單位通常是 $g\text{-}mol/(s \cdot cm^3)$，但是在不勻相反應時可有多種不同的表示法，最主要的有兩種：

$$r'_A [=] g\text{-}mol/(s \cdot g) \qquad \text{每單位觸媒質量的反應速率}$$

$$r''_A [=] g\text{-}mol/(s \cdot cm^2) \qquad \text{每單位觸媒面積的反應速率}$$

如果作此改變，則批式反應器的方程式可以寫成

$$\frac{t}{C_{A0}} = \int \frac{dX_A}{-r_A} = \frac{V}{W} \int \frac{dX_A}{-r'_A} = \frac{V}{S} \int \frac{dX_A}{-r''_A} \quad\text{.........................}\quad (8-4)$$

連續攪拌槽的方程式為

$$\frac{V}{F_{A0}} = \frac{X_A}{-r_A} \quad , \quad \frac{W}{F_{A0}} = \frac{X_A}{-r_A'} \quad , \quad \frac{S}{F_{A0}} = \frac{X_A}{-r_A''} \quad \cdots\cdots\cdots\cdots\cdots\cdots\cdots (8\text{-}5)$$

塞流反應器的方程式為

$$F_{A0}dX_A = -r_A dV = -r_A' dW = -r_A'' dS \cdots\cdots\cdots\cdots\cdots\cdots\cdots\cdots (8\text{-}6)$$

依情況的不同，我們可以利用下面四種反應器的任一種，來求化學動力學數據：微分反應器(differential reactor)、積分反應器(integral reactor)、攪拌槽反應器(mixed reactor)和批式反應器(batch reactor)。

工業上用於大量生產的反應器和實驗室內用來求化學動力學數據的反應器有所不同，大致上可分為固定床反應器(fixed bed reactor)、流體化床反應器(fluidized bed reactor)、移動床反應器(moving bed reactor)、滴流床反應器(trickle bed reactor)和漿體反應器(slurry reactor)。其中以固定床反應器歷史較為優久，應用得最廣。流體化床反應器則是歷史較短的設計。其他種類反應器各有其特殊用途。

● 8-2 實驗室反應器－微分反應器

如果塞流反應器中任何一點的反應速率都是一樣時，我們可以把它看成微分反應器。如何達到這個要求呢？轉化率小、反應器小或反應器大而反應慢。

式(8-6)可積分成

$$\frac{W}{F_{A0}} = \int_{X_{A\,in}}^{X_{A\,out}} \frac{dX_A}{-r_A'} \quad \cdots\cdots\cdots\cdots\cdots\cdots\cdots\cdots\cdots\cdots\cdots (8\text{-}7)$$

因為轉化率小，我們可將反應速率 $(-r_A')$ 取平均值，視為常數，提出積分符號之外。

$$\frac{W}{F_{A0}} = \frac{1}{(-r_A')_{ave}} \int_{X_{A\,in}}^{X_{A\,out}} dX_A = \frac{X_{A,\,out} - X_{A,\,in}}{(-r_A')_{ave}} \quad\text{...............................(8-8)}$$

式(8-8)可移項改寫成

$$(-r_A')_{ave} = \frac{F_{A0}(X_{A,\,out} - X_{A,\,in})}{W} = \frac{F_{A,\,in} - F_{A,\,out}}{W} \quad\text{..............................(8-9)}$$

根據式(8-9)，我們可訂出以微分反應器求化學動力學數據的步驟：

1. 以不同的進料濃度 $C_{A,\,in}$ 作一連串的實驗。

2. 取一最大的 $C_{A,\,in}$ 值，稱之為 C_{A0}，以此作基準計算 F_{A0} 和轉化率 X_A。

3. 對每次實驗算出 F_{A0}、W、$C_{A,\,in}$、$X_{A,\,out}$ 和 $C_{A,\,ave}$。

4. 根據式(8-9)算出 $(-r_A')_{ave}$。

5. 以微分法分析所得到的一連串數據。

　　下面我們舉一個例子來說明上面所說的步驟。

🔒 例題 8-1

　　有一塞流反應器內以 0.01 kg 的固體觸媒粒子填充之，反應氣體 A 在 3.2 atm 和 117°C 的情況下，以 20 L/h 的體積流率進入反應器。在反應器內進行的反應是

$$A \rightarrow R \quad\text{...(8-10)}$$

如果我們以不同的進料濃度送入反應器中，所得到的出口處反應物 A 之濃度如表 8-1 所示：

▌表 8-1 例題 8-1 得到的實驗數據

$C_{A,in}$ (g-mol/L)	0.100	0.080	0.060	0.040
$C_{A,out}$ (g-mol/L)	0.084	0.070	0.055	0.038

試求其速率方程式。

▌解:

　　因為轉化率小（第一次實驗的轉化率最大，其 $C_{A,in}$ 和 $C_{A,out}$ 差別僅 16%而已），我們可把此反應器看成微分反應器。

　　將氣體 A 假設為理想氣體，在 3.2 atm 和 117°C 的情況下，可以求得它的濃度為

$$C_{A0} = \frac{P_{A0}}{R_g T} = \frac{3.2 \text{ atm}}{(0.082 \text{ L - atm} \cdot \text{K})(390 \text{ K})}$$

$$= 0.1 \frac{\text{g - mol}}{\text{L}} \quad\text{.. (8-11)}$$

以此值和表上的 $C_{A,in}$ 比較可知：第一次實驗的進料是純 A，而其他的實驗中則含有部分的 R。以此為基準，可算出 F_{A0} 的值。

$$F_{A0} = C_{A0}V = \left(0.1 \frac{\text{g - mol A}}{\text{L}} \right)\left(20 \frac{\text{L}}{\text{h}} \right) = 2 \frac{\text{g - mol}}{\text{h}} \quad\text{...................... (8-12)}$$

　　轉化率 X_A 和濃度 C_A 的關係為

$$X_A = 1 - C_A / C_{A0} \quad\text{... (8-13)}$$

表 8-2 中把計算過程中所得到的數據一一列出。

　　假設反應是一階反應，則速率方程式可寫成

$$-r'_A = \eta k C_A \quad\text{... (8-14)}$$

表 8-2　例題 8-1 計算過程中所得各項的值

$\dfrac{C_{A,in}}{C_{A0}}$	$\dfrac{C_{A,out}}{C_{A0}}$	$C_{A,ave}$ (g-mol/L)	$C_{A,in}^2$ (g-mol/L)^2	$X_{A,in}=1-\dfrac{C_{A,in}}{C_{A0}}$	$X_{A,out}=1-\dfrac{C_{A,out}}{C_{A0}}$	$\Delta X_A = X_{A,out}-X_{A,in}$	$-r'_A=\dfrac{\Delta X_A}{W/F_{A0}}$
1	0.84	0.092	0.0085	$1-1=0$	$1-0.84=0.16$	0.16	$\dfrac{0.16}{0.01/2}=32$
0.8	0.70	0.075	0.0056	0.2	0.30	0.10	20
0.6	0.55	0.0575	0.0033	0.4	0.45	0.05	10
0.4	0.38	0.039	0.0015	0.6	0.62	0.02	4

以 $-r'_A$ 對 C_A 作圖，可得圖 8-1(a)，很明顯的我們無法得到過原點的直線。再假設成二階反應

$$-r'_A = \eta k C_A^2 \quad\text{...} \quad (8\text{-}15)$$

以 $-r'_A$ 對 C_A^2 作圖可得圖 8-1(b)的各點，由這些點可畫一過原點的直線，其斜率為

$$斜率 = \eta k = 3,600 \frac{L^2}{h \cdot kg\,cat \cdot g\text{-}mol} \quad\text{...} \quad (8\text{-}16)$$

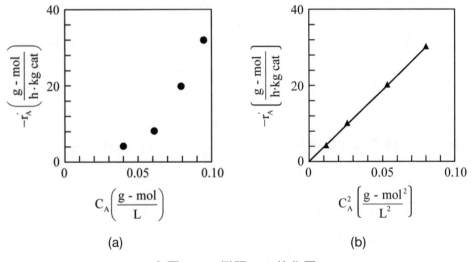

(a)　　　　　　　　　(b)

▶ 圖 8-1　例題 8-1 的作圖

很明顯，此反應為二階反應。因此反應式寫成

$$2A \rightarrow 2R \quad\text{...} \quad (8\text{-}17)$$

而速率方程式寫成

$$-r'_A = 3,600 C_A^2 \frac{g\text{-}mol}{h \cdot kg\,cat} = 1 \times 10^{-3} C_A^2 \frac{kg\text{-}mol}{s \cdot kg\,cat} \quad\text{...........................} \quad (8\text{-}18)$$

● 8-3　實驗室反應器－積分反應器

當出料濃度和進料濃度的差別很大時，不能以微分反應器視之，須以積分反應器考慮。分析的方法有兩種：積分分析法和微分分析法。

● 8-3-1　積分分析法

積分分析法的步驟如下：

1. 以固定的 $C_{A,in}$，對一填充床作一連串的實驗。變動 W 或 F_{A0} 的值或二者一起變動，使我們得到一個大範圍 W/F_{A0} 及相對的 $X_{A,out}$ 值。

2. 假設一個速率方程式，代入塞流反應器操作方程式中，並積分之。

$$\frac{W}{F_{A0}} = \int_0^{X_A} \frac{dX_A}{-r_A'} \quad\text{.. (8-19)}$$

3. 將每次實驗所得的數據代入式(8-19)，算出左邊和右邊的值。

4. 將左邊的值對右邊的值作圖。看看各點是否能構成直線關係。

5. 若所得各點能構成一過原點的直線，則所假設的速率方程式是對的。反之，則須另外假設一個速率方程式，由第二步驟重新開始。

● 8-3-2　微分分析法

有一些較為複雜的速率方程式，比較不適合用積分法來分析。似用微分分析法為佳。下面簡單的介紹微分分析法的步驟。

由式(8-6)可得速率式為

$$-r_A' = \frac{dX_A}{dW/F_{A0}} = \frac{dX_A}{d(W/F_{A0})} \dotfill (8\text{-}20)$$

1. 和積分分析法第一步一樣，以固定的 $C_{A,in}$ 作一連串的實驗。變動 W 或 F_{A0} 的值，或二者一起變動，使我們得到一廣泛的 W/F_{A0} 和 $X_{A,out}$ 值。

2. 以 $X_{A,out}$ 對 W/F_{A0} 作圖。

3. 將各點迴歸出一通過原點的最佳曲線。

4. 由式(8-20)知，$X_{A,out}$ 對 W/F_{A0} 圖上任一點的斜率，即為該 X_A 時的速率 $(-r_A')$。

5. 有了各 X_A 的 $(-r_A')$ 後，即可依第三章所提到的微分分法分析數據。

🔒 **例題 8-2**

在 3.2 atm 和 117°C 下，氣體 A 以 20 L/h 的容積流率，流入一固定床中，在床中 A 反應變成 R。

$$A \rightarrow R \dotfill (8\text{-}21)$$

實驗時，以不同量的固體觸媒置於床中，可得到不同的出口 A 濃度 $C_{A,owt}$ 如表 8-3 所示：

▌表 8-3　例題 8-2 的數據

觸媒用量，W(kg)	0.020	0.040	0.080	0.120	0.160
$C_{A,out}$(g-mol/L)	0.074	0.060	0.044	0.035	0.029

試以積分法求此化學反應的速率方程式。

⚑ 解：

由例題 8-1 我們知道

$$C_{A0} = 0.1\,g\text{-}mol/L \quad\text{...}\quad (8\text{-}22)$$

$$F_{A0} = 2\,g\text{-}mol/h \quad\text{...}\quad (8\text{-}23)$$

因為 C_A 值變化很大（即轉化率大）我們須以積分反應器看待此反應器。首先假設反應為一階反應。將之代入式(8-19)，可得

$$\frac{W}{F_{A0}} = \int_0^{X_A} \frac{dX_A}{\eta k C_A} \quad\text{...}\quad (8\text{-}24)$$

積分整理之可得

$$\eta k \frac{C_{A0}W}{F_{A0}} = \ln\frac{1}{1-X_A} \quad\text{..}\quad (8\text{-}25)$$

將適當的數據代入可得

$$\ln\frac{1}{1-X_A} = \eta k\left(\frac{W}{20}\right) \quad\text{...}\quad (8\text{-}26)$$

為方便起見，我們將計算過程所得的數據列於表 8-4 中。

▌表 8-4　例題 8-2 計算過程，所得各項的值

W	$\dfrac{C_{A0}W}{F_{A0}}$	$\dfrac{C_{A0}^2 W}{F_{A0}}$	$\dfrac{C_{A,\,out}}{C_{A0}}$	$X_A = 1 - \dfrac{C_A}{C_{A0}}$	$\ln \dfrac{1}{1-X_A}$	$\dfrac{1}{1-X_A} - 1$
0	0	0	1	0	0	0
0.02	0.001	0.0001	0.74	0.26	0.30	0.35
0.04	0.002	0.0002	0.60	0.40	0.51	0.67
0.08	0.004	0.0004	0.44	0.56	0.82	1.27
0.12	0.006	0.0006	0.35	0.65	1.05	1.86
0.16	0.008	0.0008	0.29	0.71	1.24	2.45

　　以 $\ln \dfrac{1}{1-X_A}$ 對 $C_{A0}W/F_{A0}$ 作圖可得圖 8-2 所示各點。很明顯的，所得

到的各點無法繪出一過原點的直線。因此我們再假設為二階反應。

$$\frac{W}{F_{A0}} = \int_0^{X_A} \frac{dX_A}{\eta k C_A^2} \quad\text{.. (8-27)}$$

積分重組可得

$$(1-X_A)^{-1} - 1 = \eta k \frac{C_{A0}^2 W}{F_{A0}} \quad\text{... (8-28)}$$

　　$(1-X_A)^{-1} - 1$ 的值也列在表 8-3 中。以 $(1-X_A)^{-1} - 1$ 對 $C_{A0}^2 W/F_{A0}$ 作

圖，可得圖 8-3 上的各點。由圖 8-3 可知反應是二階的。由所得到的直

線斜率為 $3,320\dfrac{L^2}{h \cdot g\text{-}mol \cdot kg\, cat}$。我們可以得到反應之速率方程式為

$$-r_A' = \eta k C_A^2 = 3,320 C_A^2 \frac{g\text{-}mol}{h \cdot kg\, cat} = 922 C_A^2 \frac{kg\text{-}mol}{s \cdot kg\, cat} \quad\text{.................... (8-29)}$$

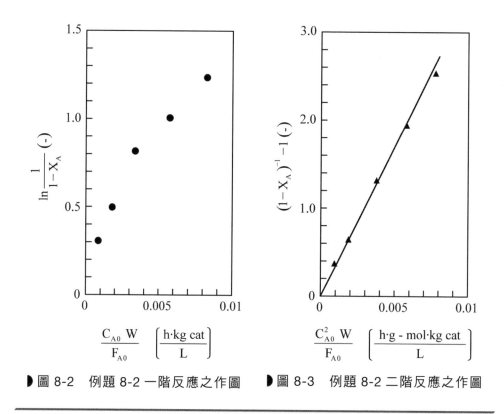

▶ 圖 8-2　例題 8-2 一階反應之作圖　　▶ 圖 8-3　例題 8-2 二階反應之作圖

● 8-4　實驗室反應器－連續攪拌槽反應器和批式反應器

　　在連續攪拌槽中進行勻相反應時，槽內任何一點的組成都一樣。不勻相反應器若想得到相同的效果，必須有特別的裝置。如圖 8-4 所示卡布里(Carberry)所設計的反應器即可達到此一要求。固體觸媒裝於快速旋轉的籃子內，能使觸媒粒子和流體充分接觸，並達到攪拌效果。

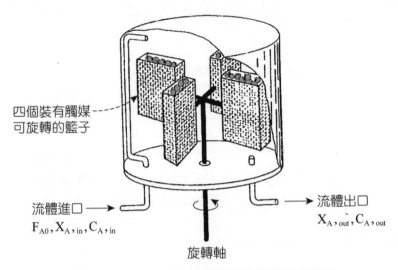

四個裝有觸媒
可旋轉的籃子

流體進口 →
$F_{A0}, X_{A, in}, C_{A, in}$

→ 流體出口
$X_{A, out}, C_{A, out}$

旋轉軸

▶ 圖 8-4　卡布里的連續攪拌槽觸媒反應器[8]

匀相反應連續攪拌槽的操作方程式為

$$\frac{W}{F_{A0}} = \frac{X_{A, out}}{-r'_{A, out}}$$ .... (8-30)

也可應用於連續攪拌槽觸媒反應器。根據式(8-30)我們可求出其速率式

$$-r'_{A, out} = \frac{F_{A0} X_{A, out}}{W}$$ .... (8-31)

依此，每次的實驗即可得一速率值。由 $-r_{A, out}$ 和 $X_{A, out}$ 的關係即可求出其速率方程式。

　　圖 8-5 所示為一批式反應器。反應器中固體觸媒為分批式。流體亦為分批式。

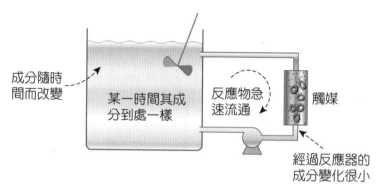

成分隨時間而改變

某一時間其成分到處一樣

反應物急速流通

觸媒

經過反應器的成分變化很小

▶圖 8-5 不勻相批式反應器

下面的批式反應器方程式（由式(8-4)而來）

$$\frac{t}{C_{A0}} = \int \frac{dX_A}{-r_A} = \frac{V}{W}\int \frac{dX_A}{-r_A'} = \frac{V}{S}\int \frac{dX_A}{-r_A''} \quad \cdots\cdots\cdots\cdots\cdots\cdots (8-32)$$

可用來計算並求出速率方程式。其方法和積分反應器類似。

● 8-5　工業用反應器－固定床反應器和流體化床反應器簡介及比較

　　固體和流體的接觸方法，在不勻相催化反應中佔有極重要的地位。因接觸方法的不同，不勻相催化反應器可分成兩大類：固定床（有時也稱作填充床）和流體化床。為說明此兩種反應器的不同，首先讓我們來討論圖 8-6 的幾種固體和流體的接觸方式。圖 8-6(a)所示為一大堆固體置於一容器中，流體由下端送入。流體經過固體粒子間的空隙往上升，最後離開固體繼續上升。反應是在流體和固體接觸時發生的。在圖 8-6(a)的情況下，流體速度極緩，因此固體粒子固定不動。稱之為固定床，若流體加速流動，超過某一限度時，則容器中粒子開始波動，容器中固體粒子所佔的體積增加，固體粒子間空隙增加如圖 8-6(b)所示。圖 8-6(c)為流體速度更高的情況。

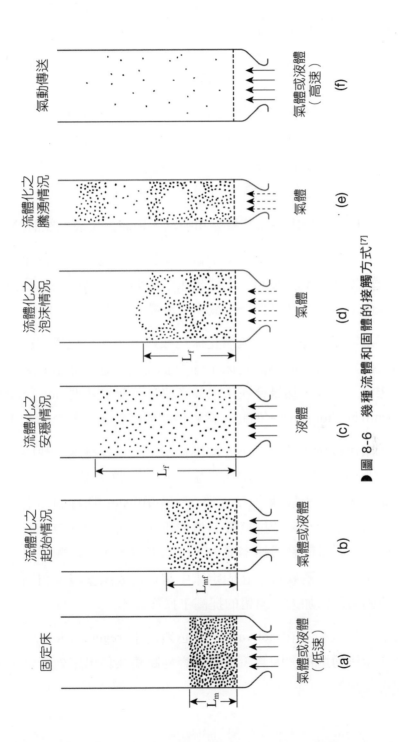

▶ 圖 8-6　幾種流體和固體的接觸方式[7]

　　一般來說，在速度高，仍能有圖 8-6(c)的情況時，流體大部分是液體。此情況稱之為勻相流體化(homogeneous fluidization)。若流體為氣體時，固體粒子的運動常不均勻，且不穩定而床中有氣泡，如圖 8-6(d)和(e)所示，稱為不勻相流體化(heterogeneous fluidization)。不論勻相或不勻相流體化，一律稱之為流體化床。若流體速度更大時，則流體會把固體粒子吹走。這是輸送固體粒子的一個方式，並非不勻相催化反應所感興趣的。

　　固定床和流體化床各有其優點和缺點，現將之集成五點討論。

1. 就流體和固體粒子接觸的方式而論，以固定床為佳。在固定床中流體流動近似塞流(plug flow)。流體化床中流體的流動形態較為複雜，常有旁流(bypass)的情形發生，減少了流體和固體接觸的機會。

2. 如果要求等溫下操作時，流體化床比較適當。如果化學反應產生或吸收極大的熱量時，因為固定床中的固體粒子固定，熱量的傳送不如流體化床中。所以，熱量會在床內某處積存而產生熱點(hot spot)或移動熱點(moving hot spot)。如此，常會破壞觸媒粒子，甚至引起爆炸。

3. 流體化床比較適用於尺寸小的觸媒粒子。化學反應速率快時，不勻相催化反應的總速率往往由觸媒粒子外的薄膜擴散速率(rate of film diffusion)或孔隙擴散速率(rate of pore diffusion)所控制。上一章裡面我們談到粒子大小和希拉模數 h 值成正比。而 h 值小時，有效度因數 η 的值大，連帶的整體速率變大。由此推理得，小的觸媒粒子加速了整體反應。小的觸媒粒子在固定床中常會造成阻塞現象和加大壓力降落。使動力需求加大，連帶的提高了操作成本。

4. 如果觸媒容易衰化(deactivation)而必須再生(regeneration)時，流體化床是一極佳的選擇。因為，我們很容易將觸媒移出床外再生（下一節中即可談到）。

5. 固定床反應器內的動態行為比較有條理，而且工程人員對它瞭解比較透徹，對其操作比較容易控制。流體化床內動態行為比較紊亂，我們的瞭解不深，在操作的控制上較困難。由這個觀點來看以固定床為佳。

● 8-6　工業用反應器－固定床反應器

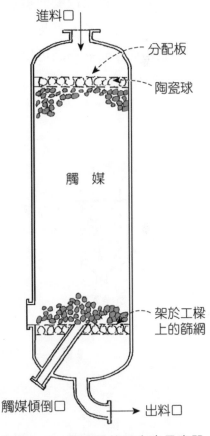

▶圖 8-7　最簡單的固定床反應器

在化學工業中，大部分固體觸媒催化的氣體反應都在固定床反應器中進行。像：氨的合成(ammonia synthesis)，由二氧化硫製造硫酸、製造氯乙烯單體(vinyl chloride monomer production)、丁二烯(butadiene)及製造苯乙烯(styrene)等等皆是。由此可見填充床反應器在化學工業中相當重要。現在我們把幾種固定床反應器和經過改良的固定床反應器的結構加以說明。

圖 8-7 為最簡單的一種固定床反應器。固體觸媒堆置於上下兩層陶瓷球中間，構成填充床之本體。反應物之流體由上端進入，由下端流出，亦有由下端進入，上端流出者。在反應過程中通常會有反應熱產生，而在反應器內的熱傳情形又不一樣，所以在反應器內各點的溫度相差甚鉅。為使反應器內各點有一樣的溫度，我們須

在反應器的設計上費心思。下面所要介紹的幾種改良式反應器,都是在求反應器內能盡量達到一致的溫度。

圖 8-8(a)是在一般的固定床反應器外加一層夾套,內通冷媒循環,以移去反應所產生的熱量。如前所述,固定床因不易控制反應溫度,常有熱點發生。為了除去熱點或其他不等溫的現象,我們可把(a)的形式改成(b)和(c)的形式。(b)所示者為和殼管熱交換器(shell and tube heat exchanger)形態相似的一種。固體觸媒置於列管中,如此,外面的冷媒或熱媒和反應流體之接觸面積加大了,因此較易得到等溫狀態。亦有將固體觸媒置於殼中者。有時,我們須要把反應物在進入反應器以前加以預熱。在這種情況下我們可以利用放熱反應所放出來的熱量來預熱反應物如圖 8-8(d)和(e)所示。

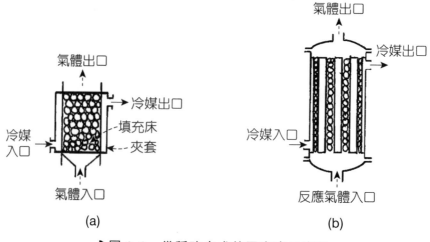

(a)   (b)

▶圖 8-8 幾種改良式的固定床反應器

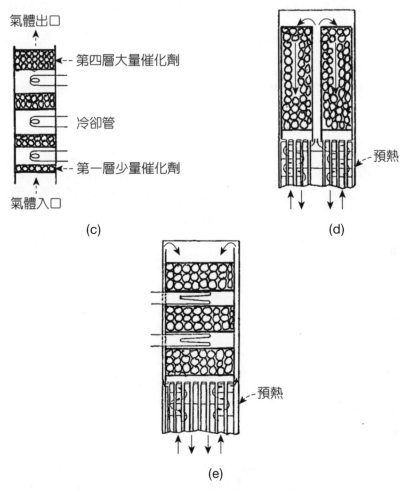

▶圖 8-8　幾種改良式的固定床反應器（續）

● 8-7　工業用反應器－流體化床反應器

　　在 8-5 節裡面，我們已約略談到了基本形態的流體化床。下面我們要先介紹幾種特殊設計的流體化床反應器，然後舉出幾個實際上用在不勻相催化反應的流體化床反應器之簡略圖。

　　圖 8-9(a)所示為一個一般的流體化床加上一個冷卻旋管，以移去反應所產生的熱量。如果觸媒粒子須要經常再生時，最好在流體化床旁邊加裝一個再生器，如圖 8-9(b)所示，把已衰化的觸媒不斷的送入再生器，經過再生後送回原來的反應器，如此可省掉停爐和開爐的費用和時間。

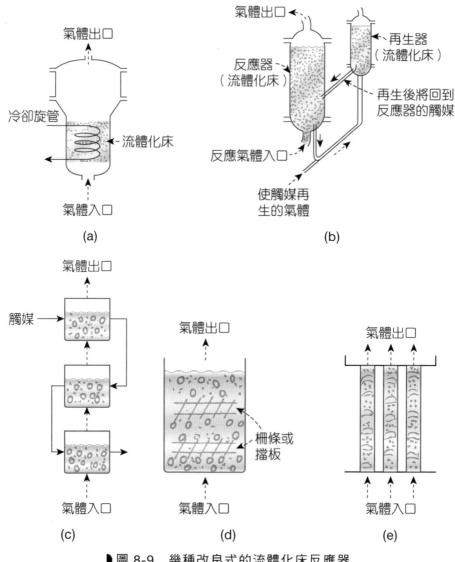

▶ 圖 8-9　幾種改良式的流體化床反應器

以前我們曾經提到過流體化床反應器內，常有我們不希望的溝流現象。為了克服這個問題我們想出了三種對策：(1)把流體化床分成好幾級，如圖 8-9(c)所示，(2)在床內加上柵條(grid)或擋板(baffle)來分散床內的氣泡，如圖 8-9(d)所示，(3)把床分成幾個細長的管子，使得管內形成氣泡直徑和管子直徑相當的塞流(slug flow)（如圖 8-9(e)）。

下面我們來介紹幾種特殊反應的流體化床反應器。

把乙烯氧化成環氧乙烯(ethylene oxide)的反應，是在含有銀成分的觸媒粒子內進行的。因為這個反應是個串行反應，而我們所希望的產品是中間產品。為求獲得較多的產品，我們希望能好好控制反應器內溫度和氣體成塞狀流動。為滿足這個需要，我們有了如圖 8-10 的**殼管式流體化床反應器**。

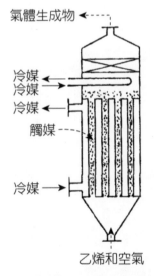

▶圖 8-10　生產環氧乙烯的流體化床反應器

醋酸乙烯酯(vinyl acetate)的反應是放熱反應，其反應方程式是

$$C_2H_2 + CH_3 \cdot COOH \longrightarrow CH_3CO_2CH:CH_2，-28\,kcal/g\text{-}mol$$

.... (8-33)

　　圖 8-11 所示為生產醋酸乙烯酯的催化反應器。反應器下面的錐形物是用來使反應物氣體均勻分布的。水平篩網的作用是使氣體和觸媒粒子有良好的接觸，並防止氣體的溝流(channeling)現象。

　　圖 8-12 為生產氯化矽烷(chlorosilane)的流體化床。反應的方程式如下

$$CH_3Cl(g) + Si(s) \xrightarrow[約\,6\,atm]{250-45°C} CH_3SiCl_3（約 70\%）+ (CH_3)_2SiCl_2，$$

$$(CH_3)_3SiCl，H(CH_3)SiCl_2，etc .... (8-34)$$

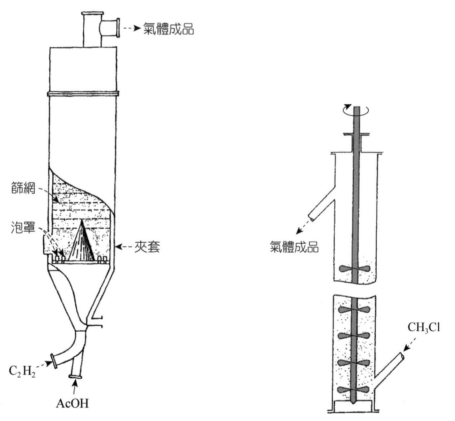

▶圖 8-11　生產醋酸乙烯酯的催化反　　▶圖 8-12　生產氯化矽烷的攪拌流體
　　　　　應器　　　　　　　　　　　　　　　　　化床

床中含有反應物矽的微粒和銅觸媒粒子。為求較長的滯留時間(residence time)，氣體流速極緩。又為求流體化效果，我們在反應床中加了攪拌器。

圖 8-13 所示的是標準石油公司所設計之第一個用來作流體觸媒裂解（fluid catalytic cracking，簡稱 FCC）的反應器。除了流體化床外，右邊有一個再生器用來再生觸媒。反應器和再生器間以兩條 U 形管相連，細粉狀的觸媒粒子就藉這兩條 U 形管來運送。液態油進入反應器後氣化，降低了上昇混合物的密度，因此加速了觸媒的循環。

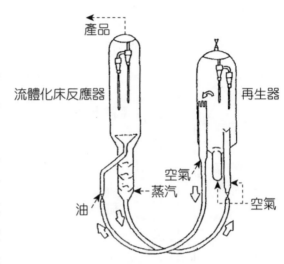

▶圖 8-13　流體催化裂解反應器

● 8-8　工業用反應器－移動床反應器、滴流床反應器和漿體反應器

工業用不勻相催化反應器，除上述的固定床和流體化床外還有移動床反應器、滴流床反應器和漿體反應器。下面我們將簡單敘述一下。

移動床反應器的構造如圖 8-14 所示，反應物氣體由下往上升，而觸媒粒子由上往下降，二者成逆向流動。移動床反應器有固定床反應器的優點（塞狀流體流動）和缺點（必須用顆粒大的觸媒顆粒）。同時它也有流體化床的優點（較低的觸媒傳送成本）。

滴流床反應器其實是固定床的一種。一般來說，固定床中進行的是由觸媒粒子催化的氣體反應。如果反應物之一為氣體，另一為高沸點的液體，在觸媒粒子表面進行反應。此時的固定床反應器稱為滴流床反應器。觸媒粒子通常置於高塔中，液體由上端流入，氣體可由上端或下端進入，穿過由液體浸漬的觸媒粒子間空隙，最後由他端流出。圖 8-15 為一滴流床反應器的簡圖。相信讀者可由此圖獲得一點概念。

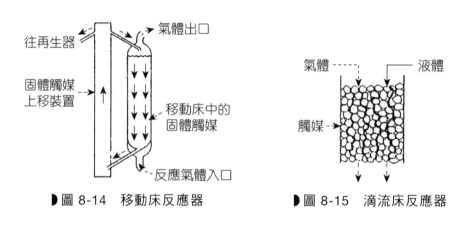

▶圖 8-14　移動床反應器　　　▶圖 8-15　滴流床反應器

滴流床反應器的發展和利用是近三十年的事，通常用於石油工業中的加氫脫硫(hydrodesulfurization)和加氫裂解(hydrocracking)中。

另外值得特別一提的是漿體反應器(slurry reactor)。漿體反應和滴流床反應器內的反應是一樣的。氣體和液體在觸媒粒子外部或內部表面反應。可是滴流床反應器的情況是觸媒粒子不動，液體流動是塞狀流動。觸媒粒子大，液體和觸媒粒子容易分開。漿體反應器中的觸媒粒子顆粒小，懸浮於液體中，以進料氣體攪拌，或攪拌器攪拌。亦有以外部幫浦使漿體往復循環攪拌的，漿體反應器的簡圖如圖 8-16 所示。

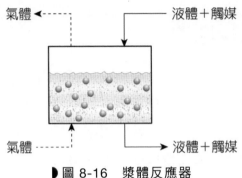

▶圖 8-16　漿體反應器

漿體反應器有幾個優點和缺點：

1. 由於攪拌頻仍，較易得到均勻的溫度。

2. 漿體反應器中，有大量的液體可吸收大量的反應熱。

3. 由於液體熱傳係數大，熱回收比較容易。

4. 由於顆粒小，不必造大粒子，可降低成本。

5. 小的顆粒，其有效度因數(effectiveness factor)值較大，可使整體反應速率加大。

6. 觸媒粒子顆粒較小，不易和液體分離，成本增加。

7. 比較不容易獲得合適的數據，因此設計時常有困擾。

8. 不易找到載體液體(carrier liquid)能使反應氣體溶解在其中，而且高溫時還穩定者。

漿體反應器通常用於氫化反應中，像不飽和碳氫化物之氫化等。

● 8-9　重點回顧

　　在這一章中，我們先介紹了實驗室裡面，用來求取不勻相催化反應動力學數據的反應器，像微分反應器、積分反應器、連續攪拌槽反應器和批式反應器等等。一般來說，較常用來分析稍微複雜反應動力學數據的是微分反應器和連續攪拌槽反應器，因為在數據處理過程中比較簡單方便。積分反應器則常用於模擬工業用的反應器。

　　工業用反應器以固定床反應器和流體化床反應器用途較廣。移動床反應器、滴流床反應器和漿體反應器則較不普遍。

　　工業用反應器種類繁多，如何作最佳的選擇和設計呢？目標不外：如何降低固定床的非等溫性和如何降低流體化床的不理想流體流動。有時，我們可將此兩種反應器串聯起來，運用其優點、摒除其缺點。例如轉化極快而放熱大的反應可先使流體通過流體化床，再通過固定床。先通過流體化床，可以避免高轉化率和高反應熱造成的熱點。

習題　● ● ●

1. 如何才能達到微分反應器的要求？

2. 試由熱傳觀點來比較流體化床和固定床的優劣點。

3. 如果觸媒常須再生時，用何種反應器比較好？

4. 由操作控制的觀點來看，用固定床好呢？還是流體化床？

5. 殼管式熱交換器形態的固定床有什麼優點？

6. 如何消除流體化床中常有的溝流現象？

7. 滴流床反應器和漿體反應器有何不同？

8. 某化學反應 $A \rightarrow R$ 在一填充床中進行。其固定進料速率 F_{A0} 為 $10\,kg\text{-}mol/h$。隨著觸媒重量的不同，其出口處的轉化率亦不同，如表 8-5 所示。

▌表 8-5　習題 8 的數據

觸媒重量 W(kg)	1	2	3	4	5	6	7
X_A(-)	0.12	0.20	0.27	0.33	0.37	0.41	0.44

(1) 試求轉化率 0.6 時的反應速率。

(2) 若欲將反應床放大，使進料速率 F_{A0} 變成 $500\;kg\text{-}mol/h$，欲求 0.35 的轉化率，須用多少觸媒？

9. 有一固體觸媒氣體反應如下：

$$A \rightarrow R \text{ , } -r_A = kC_A \text{ .... (8-35)}$$

在實驗工廠(pilot plant)操作時，它的操作情形如下：塞流反應器，床內填以 2L 的觸媒；氣體 A 的進料速率為 $2\,m^3/h$；進料口的壓力和溫度分別為 $20\,atm$ 和 $300°C$；出口處的反應物轉化率是 0.6。在生產工廠中，進料溫度為 $300°C$，壓力為 40 atm，進料速率為 $100\,m^3/h$，其中含 60% A 和 40%的惰性物質。如果要求出口處有 0.8 的轉化率時，塞流反應器的體積應該多大？

10. 有一零階反應

$$A \rightarrow R \text{ , } -r_A' = 2\frac{g\text{-}mol}{h \cdot kg\,cat} \text{ .... (8-36)}$$

在管狀的固定床中進行。進口處只含反應物 A，其濃度為 $C_{A0} = 1\,g\text{-}mol/L$。反應物的成本為 NT＄100/g-mol A，反應器和觸媒的成本為 NT＄100/h·kg cat。出口處未反應的 A 無法回收，如果要求每小時有 100 g-mol 的 R 產生時，最適度的轉化率是多少。此時的總成本是多少？

參考文獻

1. Aris, R, "Elementary Chemical Reactor Analysis" (1967).

2. Carberry, J. J., "Chemical and Catalytic Reaction Engineering" (1976).

3. Coulson, J. M. and J. F. Richardson, "Chemical Engineering" Vol.III (1971).

4. Fogler, H. S., "Elements of Chemical Reaction Engineering" 2nd Ed. (1992).

5. Holland, C.D. and R.G. Anthony, "Fundamentals of Chemical Reaction Engineering" (1979).

6. Hougen, O.A. and K. M. Watson, "Chemical Process Principles, Part III Kinetics and Catalysis" (1973).

7. Kunii, D. and O. Levenspiel, "Fluidization Engineering" (1969).

8. Levenspiel, O., "Chemical Reaction Engineering", 2nd Ed. (1972).

9. Perry, J. H., "Chemical Engineers' Handbook", 4th Ed. (1963).

10. Smith, J. M., "Chemiacl Engineering Kinetics", 2nd Ed. (1970).

11. Thomas, J. M. and W. J. Thomas, "Introduction to the Principles of Heterogeneous Catalysis" (1967).

CH **09** 流固兩相間化學反應

● 9-1　　概　述

流固兩相間化學反應和不勻相催化反應極為類似。反應物流體均由流體本體經由薄膜、孔隙到達固體表面反應，然後，生成物流體再經由孔隙和薄膜回到流體本體。最主要的不同是前者在化學反應以後，固體變成其他固體產品了；而後者固體是觸媒，化學反應以後，觸媒固體恢復原來的性質。

流固兩相反應，可以下面其中的一個式子來表示：

$$A(g) + bB(s) \longrightarrow 氣體生成物 \dotfill (9\text{-}1)$$

$$A(g) + bB(s) \longrightarrow 固體生成物 \dotfill (9\text{-}2)$$

$$A(g) + bB(s) \longrightarrow 氣體生成物 + 固體生成物 \dotfill (9\text{-}3)$$

如果我們以反應過程中，固體體積是否改變來分類時，可以分成固體體積不變和固體體積縮小兩類。這兩類的不同點可由圖 9-1 看出來。

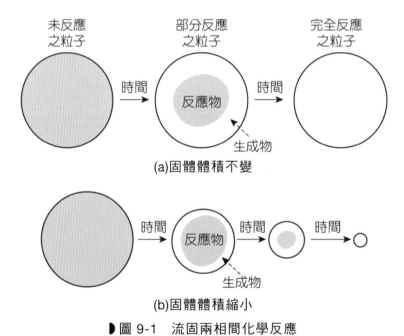

(a)固體體積不變

(b)固體體積縮小

▶ 圖 9-1　流固兩相間化學反應

現就這兩類分別舉例如下：

1. 固體體積不變

(1) 焙燒硫化物礦石(roasting of sulfide ores)以產生金屬氧化物。重要的例子有下面兩種：

$$3O_2(g) + 2ZnS(s) \longrightarrow 2SO_2(g) + 2ZnO(s) \dotfill (9\text{-}4)$$

$$11O_2(g) + 4FeS_2(s) \longrightarrow 8SO_2(g) + 2Fe_2O_3(s) \dotfill (9\text{-}5)$$

(2) 以還原性氣體還原金屬氧化物生產金屬，如

$$4H_2(g) + Fe_3O_4(s) \longrightarrow 4H_2O(g) + 3Fe(s) \dotfill (9\text{-}6)$$

(3) 碳化鈣(calcium carbide)的氮化(nitrogenation)以生產氰氨化鈣(calcium cyanamide)。

$$N_2(g) + CaC_2(s) \longrightarrow CaCN_2(s) + C \ (amorphous) \dotfill (9\text{-}7)$$

(4) 固體表面保護層的處理。

2. 固體體積縮小

(1) 發生爐氣(producer gas)之生產

$$O_2(g) + C(s) \longrightarrow CO_2(g) \dotfill (9\text{-}8)$$

$$O_2(g) + 2C(s) \longrightarrow 2CO(g) \dotfill (9\text{-}9)$$

$$CO_2(g) + C(s) \longrightarrow 2CO(g) \dotfill (9\text{-}10)$$

(2) 水煤氣(water gas)之生產

$$H_2O(g) + C(s) \longrightarrow H_2(g) + CO(g) \quad\text{.......................................} \quad (9\text{-}11)$$

$$2H_2O(g) + C(s) \longrightarrow 2H_2(g) + CO_2(g) \quad\text{..................................} \quad (9\text{-}12)$$

(3) 二硫化碳的製造

$$2S(g) + C(s) \xrightarrow{\quad 750-1000°C \quad} CS_2(g) \quad\text{...} \quad (9\text{-}13)$$

上面三個例子中的固體都是固態碳。固態碳在反應過程中，體積逐漸減小。

流固兩相反應的實例這麼多，難怪有許多人投入這個研究領域。我們的研究目標是在求瞭解此反應的快慢是由那些因素來影響？影響的程度如何？我們是否能以一合理的數學模式來表示其關係？瞭解這些以後，我們才能根據這些資料，來做此種反應的反應器設計。

在這麼多實例中，以金屬氧化物的氣體還原為最重要。研究的人也最多，因此文中大多以此為根據加以討論。

● 9-2　反應步驟

假設我們討論的對象，可以下面的一般方程式來表示：

$$aA(g) + bB(s) \longrightarrow cC(g) + dD(s) \quad\text{...} \quad (9\text{-}14)$$

氣體 A 和固體 B 反應後生成氣體 C 和固體 D。反應經過一段時間以後，固體粒子的外層會形成固體生成物(solid product)。固體生成層通常是多孔(porous)的，氣體反應物和氣體生成物可在固體生成層內擴散。

整個反應過程可以分成七個步驟，用圖 9-2 來解釋。

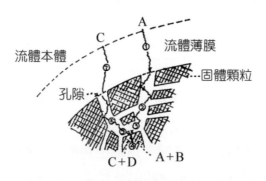

▶圖 9-2　氣固兩相反應的七個步驟[8]

1. 反應物流體 A 穿過固體粒子外面的流體薄膜(fluid film)到達粒子表面。

2. 流體 A 在粒子內的孔隙(pore)擴散，到達反應地點。

3. 流體 A 被吸附(adsorb)到活性部位(active site)。

4. 產生化學反應。流體 A 變成流體 C，固體 B 變成固體 D。

5. 流體產物 C 由反應位置脫附(desorb)。

6. 流體 C 在小孔中擴散到達粒子表面。

7. 流體 C 在流體薄膜中擴散回到流體本體。

　　並非所有反應都包括這七個步驟。例如無固體生成物時就沒有第二步和第六步了。有人把第三、第四和第五這三個步驟合併成為一個步驟以籠統的化學反應涵蓋之。這一連串的步驟中若有一步驟極慢就會控制整個反應的速率。

　　把上面的步驟拿來和不勻相催化反應的步驟比較一下，我們可以發現其步驟完全一樣，只是化學反應這一項不一樣而已。流固兩相反應時，固體參與反應後，變成其他性質的固體。不勻相催化反應的固體觸媒在反應後恢復原來的性質。

● 9-3　實驗所得到的圖片

　　在還沒談到數學模式前，讓我們先看看幾張照片，以增加對此種反應的瞭解。

　　如果我們將粉末狀的 NiO 粉壓成球，置於流動的氫氣中還原。在還沒有完全還原以前將此球取出，切開即可得圖 9-3 所示的相片。圖中四個粒子分別代表不同的反應溫度，由左上角開始，順時針方向，反應溫度逐漸增加。粒子中心，顏色淺的部分係尚未反應的 NiO，粒子表面顏色深的部分是反應後生成的 Ni。在反應溫度低（如左上角之粒子）時，Ni 幾乎均勻的在粒子內部產生。反應溫度高（如左下角之粒子）時，生

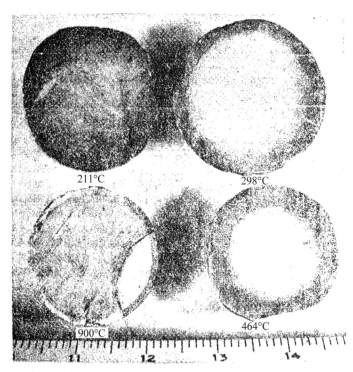

▶圖 9-3　部分還原後，切開的 NiO 粒子。由左上角開始以順時針方向，反應溫度分別為 211°C、298°C、464°C 和 900°C[8]

成的 Ni 和未反應的 NiO 壁壘分明，此兩層間有一個很明顯的交界「面」。反應溫度不高不低（如右邊兩顆粒子）時，完全沒反應的 Ni 和完全反應後 NiO 之間以一交界「區」隔離。圖 9-4 是以 H_2 或 CO / CO_2 混合氣還原氧化鐵後，所得金屬鐵內錯綜交連的小孔。反應氣體和生成氣體就是藉著擴散作用在這些小孔內進出的。

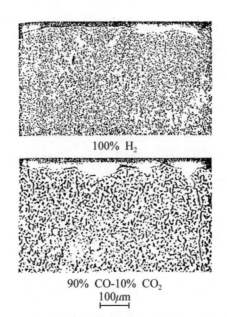

100% H_2

90% CO-10% CO_2
100μm

▶圖 9-4　以 H_2 或 CO/CO_2 混合氣還原氧化鐵後所得金屬鐵內的小孔[8]

● 9-4　數學模式分類

在這裡，我們不想說明數學模式中數學式子如何設立，如何解法及如何解說。我們只希望對設立該模式的假設和該模式的適用範圍加以分類討論。下面我們將根據化學反應地點、速率控制步驟和粒子構造來分類。

1. 以化學反應地點分類

(1) 由圖 9-3 左上角的樣品可以看出來，化學反應可在粒子內部均勻反應，反應到處發生，反應程度到處一樣，這種模式稱為均勻模式(homogeneous model)。這種模式適用於孔隙率極高，化學反應速率較氣體擴散速率為慢，反應溫度極低或粒子極小的情況。由於氣體極容易擴散，氣體擴散速率並不重要，因此整體反應速率和勻相反應(homogeneous reaction)相同。

(2) 由圖 9-3 右邊兩顆粒子可以知道反應是在反應物區和生成物區中間的一個區域內進行，其區域大小端看粒子孔性大小，化學反應速率和氣體擴散速率比值大小，反應溫度高低和粒子大小而決定。此種模式可以區域反應模式(zone reaction model)名之。

(3) 圖 9-3 左下角的粒子告訴我們，反應是在反應物區與生成物區間的交界面進行的。這個交界面由粒子表面往內部退縮，因此我們稱此種模式為核心收縮模式(shrinking core model)。反應物層孔隙率小時，氣體不易滲入內部，因此只在界面發生化學反應。速率控制步驟可能是氣體擴散速率或化學反應速率。有時孔性雖大，但氣體擴散速率比化學反應速率小很多時，則變成此種氣體擴散控制的核心收縮模式。

2. 以速率控制步驟分類

前面我們提到過，整個反應過程包括五個步驟：(1)反應物流體在流體薄膜內擴散、(2)反應物流體在粒子內部擴散、(3)化學反應、(4)生成物流體在粒子內部擴散、(5)生成物流體在流體薄膜內擴散。假設化學反應為不可逆的，則反應速率與生成物流體濃度無關。在此情況下，後二步驟不足以影響反應速率。因此我們可依據前三步驟來討論下面三種模式：

(1) **薄膜內質量傳送控制模式：**由於反應物流體，在粒子內部擴散速率和反應速率極快，反應物流體在艱難的透過粒子外的薄膜後，很容易的在粒子內部擴散，並且很快的反應。圖 9-5 繪出薄膜內質量傳送控制的核心收縮模式。因為在流體薄膜內擴散阻力最大，反應物流體濃度只在薄膜內下降。粒子內流體擴散和化學反應幾乎無阻力，所以在粒子內部反應物流體濃度幾近於零。此種模式除了在極高的反應溫度下發生外，極少發生，因為薄膜內的流體擴散通常較粒子小孔內的流體擴散為快。

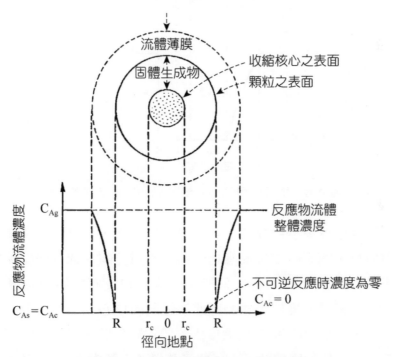

▶圖 9-5　薄膜內質量傳送控制模式[8]

(2) **生成層內流體擴散控制：**當流體在粒子生成層內擴散速率較其他二步驟速率為小時，反應物流體濃度由粒子表面的流體本體濃度降到交界面的濃度（零）。其濃度輪廓如圖 9-6 所示。此種情形，在下列情況下發生：粒子大、粒子緊密、孔隙率小、粒子內部單位質量可作用面積大、反應速率常數大、擴散速率小或反應溫度高。此種模式常被用來說明高溫下以氣體還原金屬氧化物之流固反應。

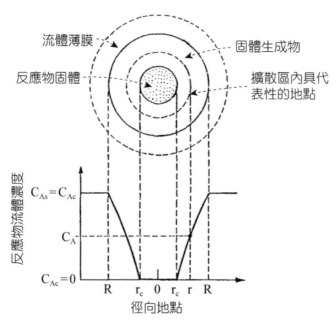

▶ 圖 9-6　生成層內孔隙擴散控制的核心收縮模式[8]

(3) **化學反應速率控制模式**：若化學反應極慢，化學反應速率將控制整體反應速率。如果反應物固體緊密或孔隙率低，則反應物流體不易穿入反應物固體，只能在生成層和反應物層的交界面上反應。這樣就是屬於化學反應速率控制的核心收縮模式了。在此情形下，反應物流體 A 的濃度由流體本體到反應面都一致，如圖 9-7 所示。假設固體粒子小，粒子疏鬆（孔隙率大），粒子內部單位質量所含可作用面積小，反應速率常數小，擴散速率大或反應溫度低時，反應流體可長驅直入，進到粒子中心，因此反應物流體濃度輪廓為一直線，如圖 9-8 所示，這就是所謂的均勻模式了。

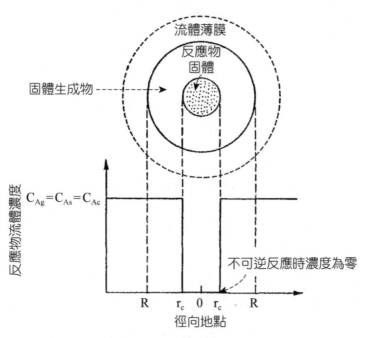

▶ 圖 9-7　化學反應速率控制的核心收縮模式[8]

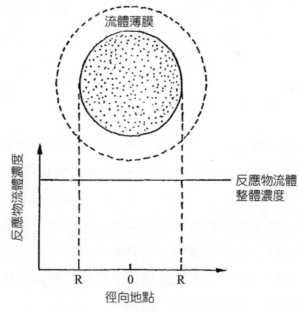

▶ 圖 9-8　均勻模式[8]

3. 以粒子構造分類

(1) **體積反應模式**(volumetric reaction model)：此種模式是由依西達(Ishida)和溫(Wen)所提出的，此模式並未刻意的去描繪粒子構造情形，將化學反應速率和反應物固體濃度的關係以次方表示。他們說反應過程可分第一和第二階段。由開始反應到粒子表面層完全變成生成物為第一階段。以後為第二階段。第一階段如圖 9-9 所示，第二階段則如圖 9-10 所示。

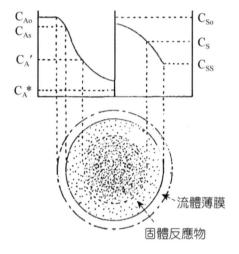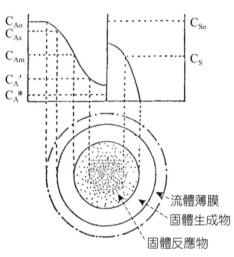

▶圖 9-9　體積反應模式第一階段[8]　　▶圖 9-10　體積反應模式第二階段[8]

(2) **晶粒模式**(grain model)：此種模式是由史開利(Szekely)和其門下伊文斯(Evans)所提出的。他們說固體粒子是由數以萬計的晶粒(grain)所構成的，如圖 9-11 所示。每個晶粒的反應行為都可以化學反應速率控制的核心收縮模式來說明。由圖可知，排列在外層的晶粒生成層較排列在內層的厚得多，在粒子中心的晶粒則完全沒作用。我們可根據此種粒子結構，推得化學反應速率和反應物固體濃度的關係為 2/3 次方。

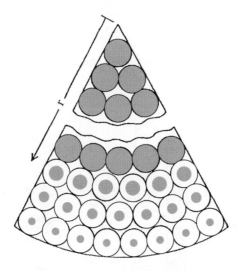

▶圖 9-11　晶粒模式構造[8]

(3) **孔隙模式**(pore model)：此種模式是比得森(Petersen)在 1957 年提出的。他說：多孔性的固體粒子內空間可以隨意交錯，孔徑大小一致的圓柱形孔隙來代表（如圖 9-12）。化學反應是在這些孔隙的表面發生。根據此一構造，我們可找出化學反應速率和反應物固體濃度的關係。此一模式曾被用來解釋石墨棒和二氧化碳作用的實驗數據。

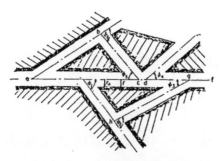

▶圖 9-12　孔隙模式構造圖[8]

以上談到的三種模式間的相互關係可以由圖 9-13 看出來。這三種模式都是以均勻模式和生成層內氣體擴散控制的核心收縮模式為其兩個極端形態。

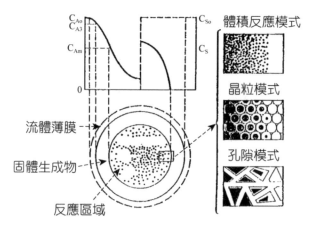

▶圖 9-13　體積反應模式、晶粒模式和孔隙模式之比較[8]

以上所提到的幾種數學模式，都是用來述說單一粒子的流固兩相間的反應行為。除此以外，根據數學式子我們可以預測總化學反應的快慢。也可以找出影響總反應快慢的因素。這些資料都可以提供我們做反應器設計的參考。

● 9-5　複雜的反應

上面所談論到的是只有一個化學反應的情形。在某些情況下氣體或固體都不是只有一個成分，因此就會有兩個或兩個以上的化學反應同時發生。下面要談的就是兩個反應同時發生的情況。下面將它們分成四類來談：

1. 獨立反應(independent reactions)

$$H_2S(g) + CaO(s) \longrightarrow H_2O(g) + CaS(s) \dotfill (9\text{-}15a)$$

$$CO(g) + H_2O(g) + CaO(s) \longrightarrow H_2(g) + CaCO_3(s) \dotfill (9\text{-}15b)$$

2. 並行反應(parallel reactions)

$$H_2O(g) + C(s) \longrightarrow CO(g) + H_2(g) \dotfill (9\text{-}16a)$$

$$2H_2O(g) + C(s) \longrightarrow CO_2(g) + 2H_2(g) \dotfill (9\text{-}16b)$$

3. 串行反應(consecutive reactions)

$$O_2(g) + C(s) \longrightarrow CO_2(g) \dotfill (9\text{-}17a)$$

$$CO_2(g) + C(s) \longrightarrow 2CO(g) \dotfill (9\text{-}17b)$$

4. 偶合性反應(coupled reactions)

$$2H_2(g) + C(s) \longrightarrow CH_4(g) \dotfill (9\text{-}18a)$$

$$CH_4(g) + Me(s) \longrightarrow 2H_2(g) + MeC(s) \dotfill (9\text{-}18b)$$

或

$$CO(g) + Me_xO_y(s) \longrightarrow CO_2(g) + Me_xO_{y-1}(s) \dotfill (9\text{-}19a)$$

$$CO_2(g) + C(s) \longrightarrow 2CO(g) \dotfill (9\text{-}19b)$$

上二例中 Me 係指某一種金屬。

最近由於直接還原程序(direct reduction process)（鍊鐵程序）的流行，偶合性反應的第二形態（式 9-19）很被重視。

● 9-6　工業用反應器

設計工業用流固兩相反應之反應器，須要考慮下面三個要素：(1)單一粒子反應之反應動力學數據、(2)待處理固體粒子的大小分布、(3)固體和流體的流動形態。第一項要素在設立數學模式時，即已把反應速率式、流體擴散情形和粒子之物理構造等，足以影響反應快慢之因素考慮在內。第二項要素，因牽涉數學模式之應用，而本章並未對數學模式之數學式子加以陳述，所以也無法說明。下面要做的工作就是先把幾個常見的反應器繪在圖 9-14 中，然後根據流體和固體流動的形態加以討論。

1. **固體和流體都是塞流**：當固體和流體都以塞狀形式流動時，它們都是一面流動，一面反應。因此，它們的成分也隨著流動而改變。塞流可以下面的三種形式構成：(1)逆向流動如圖 9-14(a)的高爐、(2)錯向流動如圖 9-14(b)煤爐之移動加料器和(3)順向流動如圖 9-14(c)的旋窯。

2. **完全混合形態之固體流動**：流體化床（如圖 9-14(d)）是這種類型的代表。固體可看成完全混合的流動。即固體之組成或轉化率在反應器內到處一致。氣體的流動形態很難說出它的類型，或者可說是介於完全混合和塞流之間吧！由於固體的高熱容量，我們通常可以假設這是一個等溫操作。

3. **半批式操作**：這種操作可以離子交換床（如圖 19-14(e)）為代表。在這種反應器內，固體置於床內不動，而流體則呈塞流形態連續進出。

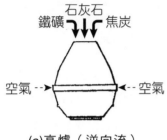

(a)高爐（逆向流）

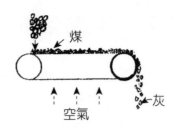

(b)煤爐之移動加料器（錯向流）

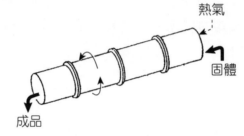

(c)旋窯（順向流）

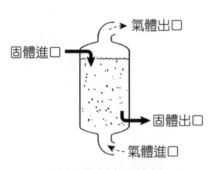

(d)流體化床反應器

(e)離子交換床

▶ 圖 9-14　流固兩相反應之反應器

（ (a)-(c)塞流、(d)中間形態之流體流動，完全混合形態之固體流動、(e)半批式操作 ）[5]

● 9-7　重點回顧

　　流固兩相間化學反應，雖與不勻相觸媒反應有很多類似的步驟，但是也有很多不同的地方。為了提高讀者的學習興趣，本章中提供了幾張實驗得到的相片。為了不陷入數學的框框中，我們述說了數學模式的假設和適用範圍而不去談論數學式子。實際上流固反應不應限於單一反應，我們更應瞭解複雜的反應。最後我們把工業用反應器中，流體和固體流動形態加以介紹。

參考
文獻

1. Carberry, J. J., "Chemical and Catalytic Reaction Engineering" (1976).

2. Coulson, J. M. and J. F. Richardson, "Chemical Engineering" Vol.III (1971).

3. Fogler, H. S., "Elements of Chemical Reaction Engineering" 2nd Ed. (1992).

4. Hougen, O. A. and K. M. Watson, "Chemical Process Principles, Part III Kinetics and Catalysis" (1973).

5. Levenspiel, O., "Chemical Reaction Engineering", 2nd Ed. (1972).

6. Smith, J. M., "Chemical Engineering Kinetics", 2nd Ed. (1970).

7. Szeleely, J., J. W. Evans and H. Y. Sohn, "Gas-Solid Reactions" (1976).

8. 林俊一，"氣固兩相間化學反應研究之回顧與前瞻"，化工，103，114(1979)。

CH 10 異相流體間的化學反應

● 10-1　概　述

流體有兩種：氣體和液體。因此，異相流體間的化學反應可能為下面二者之一：氣液反應和液液反應。氣體和氣體極易混合，不易分開成兩相存在，因此氣氣反應通常是勻相反應而非不勻相反應。

以液體來吸收混合氣體中的某一個成分是最典型的氣液反應。像用 NaOH 或 KOH 溶液來吸收空氣中的 CO_2 就是一個例子。還有，利用氯氣來氯化液態苯或其他碳氫化物，都是氣液反應的例子。氣液反應有用硫酸和硝酸的混合物來硝化(nitration)有機物的例子。

異相流體間的反應，依其目的可分成三種：(1)反應後的生成物為所希望的產品、(2)用來除去流體混合物中某一不想要的成分和(3)如果反應是一串行反應或並行反應時，為要得到較好的產品分布(product distribution)，有時以異相反應進行比同相反應為佳。

討論到異相流體間的反應時，必須對下列三點有所認識：(1)總速率式(overall rate expression)、(2)平衡溶解度(equilibrium solubility)和(3)接觸策略(contacting scheme)。

第七章中我們已討論過，不勻相反應時，反應物必須擴散到另外一相才能發生化學反應。因此整體的反應速率通常包括質量傳送速率和化學反應速率。另外，兩相流體間的相互溶解度也會影響到質量的傳送。在氣液反應系統中，半批式和逆向流(countercurrent)接觸方式最為普遍。至於在液液系統中，除了順向流(cocurrent)和逆向流的接觸方式外，還有混合流動式(mixed flow type)和批式的接觸方式。

● 10-2　氣液反應的八種轄域

　　為方便說明起見，讓我們考慮下面的情況。假設氣體 A 可溶於液體 B，而液體 B 無法進入氣體 A。因此，為使 A 和 B 起反應，A 必須擴散到液體 B 去，然後在 B 內產生反應。整體反應的反應情況隨著反應速率和質量傳送的快慢而改變。如圖 10-1 所示，共有八種轄域等我們去逐項討論。

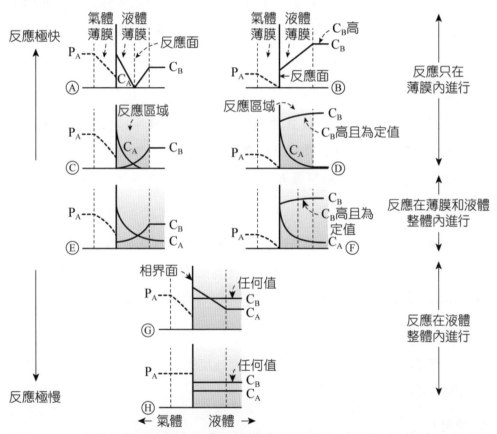

▶圖 10-1　由於化學反應速率和質量傳送速率的不同，氣體 A 和液體 B 在液相中進行反應時的 A 濃度和 B 濃度分布情形也不同[7]

1. **情況Ⓐ**

   化學反應比質量傳送快很多。因為 A 和 B 碰上後即刻反應，因此液體中不可能有 A 和 B 同時在同一地點存在。化學反應在 A 和 B 的界面進行。A 和 B 的質量傳送速率決定總速率的大小。P_A 和 C_B 大小的改變會影響質量傳送的驅動力(driving force)，進而改變整體速率的值。

2. **情況Ⓑ**

   B 濃度高和急速化學反應，化學反應在氣液界面進行。整體速率由氣體薄膜內 A 的擴散速率決定。提高 B 濃度，C_B 對總反應速率毫無影響，因為 A 為極限反應物。

3. **情況Ⓒ**

   反應快，但比情況 A 和 B 稍慢。化學反應的速率稍慢。因此，反應是在液相內一個區域內進行。但反應又算快的，因為反應只在液體薄膜內進行，不會散布到液體整體去。

4. **情況Ⓓ**

   反應快，但比情況Ⓐ 和情況Ⓑ 稍慢；B 濃度高。情形和情況Ⓒ 一樣，只是在反應區域(reaction zone)內，B 濃度甚高，且反應物 B 的消失量和原有含量相比，消失得極少，所以 B 的濃度可視為定值。

5. **情況Ⓔ**

   反應速率和質量傳送速率相若。因為反應速率稍慢，使得 A 能擴散至液體本體內。

6. **情況Ⓕ**

   反應速率和質量傳送速率差不多，另外 B 濃度高。

7. 情況Ⓖ

化學反應速率較質量傳送速率為小。反應在液體整體內進行，但是液體薄膜對於 A 分子的擴散仍具有阻力。

8. 情況Ⓗ

化學反應速率極慢。因為化學反應速率較之質量傳送甚慢，質量傳送可視為無阻力。整體速率由反應速率控制。

圖 10-1 中八種情況的安排順序是由反應速率極快，質量傳送極慢的Ⓐ 和Ⓑ ，一直到反應速率極慢和質量傳送極快的Ⓗ 。反應極快時，是在一個面上進行。反應漸慢，則在液相薄膜內的區域進行。再來是在液相薄膜和液態整體內部進行。最後一個則是在液態整體內進行。

圖 10-1 中所顯示的，在氣相中用 A 的部分分壓 P_A 表示，而在液相中，用 A 的濃度 C_A 表示，在氣液的交界面有不連續的現象發生。在氣液的交界面，我們假設 A 的質量百分率極小，可遵循亨利定律(Henry's law)：

$$P_{Ai} = H_A C_{Ai} \quad\text{.. (10-1)}$$

如此，我們可把氣液界面的 P_A 和 C_A 連貫起來。

● 10-3　漿體反應(slurry reactions)和需氧醱酵(aerobic fermentations)

漿體反應是較複雜的一種反應。整個反應包含氣、液和固三相。含有反應物 A 的氣體吹入一容器中。容器內裝有液體反應物 B 和懸浮其中的觸媒粒子。氣體 A 和液體 B 在固體觸媒的表面進行化學反應。在達到穩定狀態後 A 的濃度分布如圖 10-2 所示。整個反應的順序則可分成四個步驟：

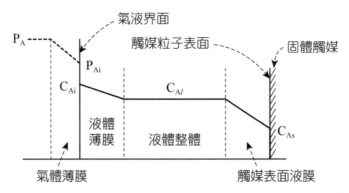

▶圖 10-2　漿體反應時，A 在氣相和液相中的濃度分布情況

1. 反應物 A 經過氣體薄膜到達氣液界面。

2. A 經過液體薄膜到達液體整體。

3. 在液體整體中的 A，必須再渡過一層在固體粒子外面的液體薄膜，以達到觸媒表面。

4. 由氣體整體而來的 A 和液體的 B 在觸媒表面反應。

　　由此看來，整體反應的阻力有四：氣體薄膜阻力、液體薄膜阻力、靠近觸媒的液體薄膜阻力和化學反應阻力。如果四阻力中的一個阻力較其他三個大很多，則該阻力會決定整體速率的快慢。

　　需氧醱酵和漿體反應的過程相似，如圖 10-3 所示，成長中細胞所需要的氧氣由氣體本體穿過氣體薄膜後到達氣液界面。假設在氣液界面氧氣的溶解度由亨利定律決定。氧氣再穿過液體薄膜，液體整體和靠近細胞的液體薄膜而到達細胞表面，供給細胞呼吸所需的氧氣。為使細胞得到足夠的氧氣，液體中的氧氧必須維持在某個濃度以上。為達到此一目的，氣液界面必須夠大。

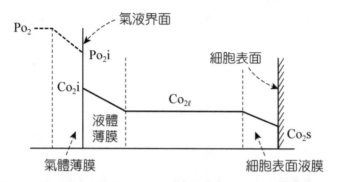

▶圖 10-3　需氧醱酵時，氧氣在氣相和液相中的濃度分布

● 10-4　不勻相流體反應的反應器

圖 10-4 所示為數種用於液液反應的反應器。(a)~(d)屬於高塔形式的反應器。(a)為一般的填充床，床內的填充物用來增加反應物兩相的接觸面積。(b)為泡罩式(bubble cap type)的塔，氣體由每層的層底經過泡罩進入液體中和液體接觸。液體是連續相(continuous phase)。氣體是分散相(dispersed phase)。(c)的噴淋塔(spray column)正和前者相反。液體經過上部的噴霧器噴灑而下，液體是分散相，氣體是連續相。不論(b)和(c)都把一相形成的小氣泡或小點滴散布到另一相中。液液的混合還可用如(d)的攪拌裝置。此裝置中兩種液體由不同方向進入塔中。(e)的噴淋洗滌器(spray scrubber)是將液體由底部噴入器內和由腹部上升的氣體接觸。(f)為一加有攪拌器的典型實驗室反應器。(g)所示為一攪拌槽和澄清槽相連的裝置。液體 A 和 B 在攪拌槽內以攪拌器混合，混合後送入澄清槽中藉重力將 A 和 B 分開。連續的氣體進入不動的液體中構成(h)的半批式接觸器。(i)和(j)為由數個連續攪拌槽所構成的多階接觸器(multistage contactor)。前者為同向流動，後者是逆向流動。

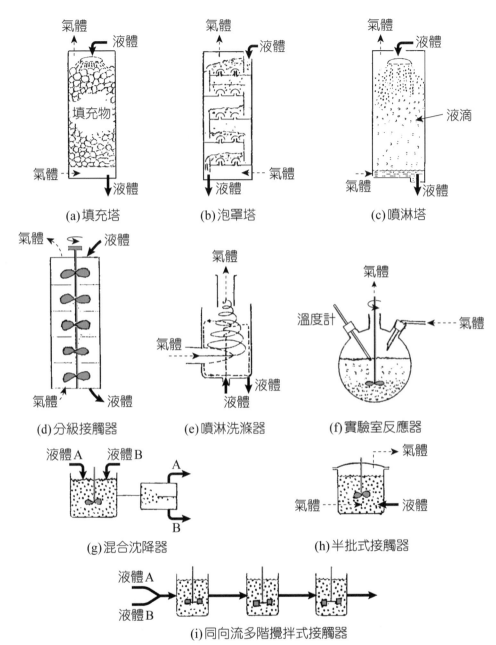

▶ 圖 10-4　異相流體間化學反應的反應器

（(a)-(d)高塔型式，(e)-(h)單階攪拌式(single stage mixed type)，(i)同向流多階攪拌式(cocurrent multistage mixed type)，(j)逆向流多階攪拌式(countercurrent multistage mixed type)）[7]

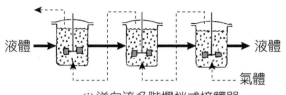

液體 →　　　　　　　　　　　　　　　　→ 液體

　　　　　　　　　　　　　　　　　　　　　氣體

(j)逆向流多階攪拌式接觸器

▶圖 10-4　異相流體間化學反應的反應器（續）

　　　　（(a)-(d)高塔型式，(e)-(h)單階攪拌式(single stage mixed type)，(i)同向流多階攪拌式(cocurrent multistage mixed type)，(j)逆向流多階攪拌式(countercurrent multistage mixed type)）[7]

　　選擇接觸器時，所須要考慮的兩點是：我們的系統是在情況Ⓐ 到情況Ⓗ 的八種情況中的哪一類，和我們是否須將氣體中的 A 急速移去？

　　如果液體是用來和氣體起化學反應以便急速移去氣體，則反應極速，反應侷限在氣液界面附近（情況Ⓐ 、情況Ⓑ 、情況Ⓒ 或情況Ⓓ）。在此情況下，高塔形式的接觸器為最佳選擇。假設反應本身是我們所希望的，則反應有快有慢，在此情況下須先將之分類成情況Ⓐ 到情況Ⓗ 的情況，再選擇接觸器。

● **10-5**　**重點回顧**

　　在本章中，我們先介紹了異相流體間化學反應的種類和目的。然後根據反應過程中化學反應速率和擴散速率之快慢，舉出不同的情況，對反應作了細部的透視。按著我們再介紹兩種稍為複雜的反應：漿體反應和需氧醱酵。最後把工業用的反應器作一個概括性的介紹。

參考文獻

1. Aris,R, "Elementary Chemical Reactor Analysis" (1967).

2. Carberry, J. J., "Chemical and Catalytic Reaction Engineering" (1976).

3. Coulson, J. M. and J.F. Richardson, "Chemical Engineering" Vol. III (1971).

4. Fogler, H. S., "Elements of Chemical Reaction Engineering" 2nd Ed. (1992).

5. Holland, C. D. and R. G. Anthony, "Fundamentals of Chemical Reaction Engineering" (1979).

6. Hougen, O. A. and K. M. Watson, "Chemical Process Principles, Part III Kinetics and Catalysis" (1973).

7. Levenspiel, O., "Chemical Reaction Engineering", 2nd Ed.(1972).

8. Perry, J. H., "Chemical Engineers' Handbook", 4th Ed.(1963).

9. Smith, J. H., "Chemical Engineering Kinetics", 2nd Ed. (1970).

● 附錄A　部分習題解答

Ch 2

2-9　某一化學反應在 600 K 時的速率為 400 K 時的十倍，試分別以阿瑞尼式定律和過渡狀態理論求出其活化能。

解：

(1) 由阿瑞尼式定律知道

$$k = k_o \exp(-E/R_g T) \quad\text{...} \text{(A-1)}$$

因此

$$k_1 = k_o \exp(-E/R_g T_1) \quad\text{.....................................} \text{(A-2)}$$

$$k_2 = k_o \exp(-E/R_g T_2) \quad\text{.....................................} \text{(A-3)}$$

以式(A-2)除式(A-3)可得

$$\frac{k_2}{k_1} = \exp\left[-E/R_g(1/T_2 - 1/T_1)\right] = 10 \quad\text{.....................................} \text{(A-4)}$$

代入數據

$$\exp\left[-E/1,987(1/600 - 1/400)\right] = 10 \quad\text{...} \text{(A-5)}$$

最後可得

$$E = 5,512 \text{ cal}/\text{g-mol} = 2.30 \times 10^7 \text{ J}/\text{kg-mol} \quad\text{.............................} \text{(A-6)}$$

(2) 由過渡狀態理論得

$$k \propto T \exp(-E/R_g T) \quad\text{...} \text{(A-7)}$$

$$\frac{k_2}{k_1} = \frac{600}{400} \exp\left[-E/1,987\left(\frac{1}{600} - \frac{1}{400}\right)\right] = 10 \quad\text{.........................} \text{(A-8)}$$

$$\exp\left[-E/1,987\left(\frac{1}{600}-\frac{1}{400}\right)\right] = 6.6667 \quad\text{......................................} \text{(A-9)}$$

$$E = 4,542 \, cal/g\text{-}mol = 1.89\times10^7 \, J/kg\text{-}mol \quad\text{..........................} \text{(A-10)}$$

用兩種理論求得活化能的值相差不大。

Ch 3

3-4　有一不可逆二階的化學反應，其方程式為

$$aA + bB \longrightarrow 生成物 \quad\text{..} \text{(3-173)}$$

A 和 B 的最初濃度關係為 $C_{B0}=\dfrac{b}{a}C_{A0}$。求其半生期為何？

解：

此種第三類二階不可逆反應的速率方程式，沒有在書中導出，在這裡直接寫出來，如下所示：

$$C_{A0}\frac{dX_A}{dt} = k(C_{A0}-C_{A0}X_A)\left(C_{B0}-\frac{b}{a}C_{A0}X_A\right) \quad\text{..........................} \text{(A-11)}$$

將 $C_{B0}=\dfrac{b}{a}C_{A0}$ 代入上式並整理可得

$$\frac{dX_A}{dt} = \frac{b}{a}kC_{A0}(1-X_A)^2 \quad\text{..} \text{(A-12)}$$

或

$$\frac{dX_A}{(1-X_A)^2} = \frac{b}{a}kC_{A0}dt \quad\text{...} \text{(A-13)}$$

積分後可得

$$\frac{X_A}{1-X_A} = \frac{b}{a}kC_{A0}\, t \quad\text{...} \text{(A-14)}$$

將 $X_A = 0.5$ 代入上式，可得半生期之式子

$$t_{\frac{1}{2}} = \frac{a}{b \, kC_{A0}} \quad \text{.. (A-15)}$$

3-5　在一批式反應器內，其最初反應物濃度為 $C_{A0} = 1 \, g\text{-}mol/L$。十分鐘後有 70% 反應掉。二十分鐘時，轉化率為 0.823。試求其反應階數為何？

解：

假設為一階不可逆反應，由式(3-22)

$$-\ln(1 - X_A) = kt \quad \text{.. (A-16)}$$

$$-\ln(1 - 0.7) = k \times 10 \quad \text{.................................... (A-17)}$$

$$k = 0.120 \, \text{min}^{-1} \quad \text{....................................... (A-18)}$$

$$-\ln(1 - 0.823) = 0.120 \, t \quad \text{................................ (A-19)}$$

$$t = 14.4 \, \text{min} \quad \text{.. (A-20)}$$

轉化率為 0.823 時，時間為 14.4 min，非 20min，可見不是一階不可逆反應。

假設為二階不可逆反應，由式(3-27)

$$\frac{X_A}{1 - X_A} = kC_{A0}t \quad \text{.................................. (A-21)}$$

$$\frac{0.7}{1 - 0.7} = kC_{A0} \times 10 \quad \text{..................... (A-22)}$$

$$kC_{A0} = 0.233 \, 1/\text{min} \quad \text{............................. (A-23)}$$

$$\frac{0.823}{1 - 0.823} = 0.233 \times t \quad \text{.................... (A-24)}$$

$$t = 19.95\ \text{min} \approx 20\ \text{min} \quad\text{... (A-25)}$$

因此，本反應為二階不可逆反應。

3-10 A 和 B 的化學反應如下：

$$A + B \rightarrow C + D \quad\text{... (3-176)}$$

假設它在定溫批式反應器中進行，得到表 3-15 的實驗數據；$t = 0$ 時，$C_{A0} = C_{B0} = 0.1\,\text{g-mol/L}$

■ 表 3-15　習題 3-10 的數據

時間 t(min)	轉化率 X_A(-)
13	0.112
34	0.257
59	0.367
120	0.552

如果反應是不可逆的，請以積分法繪圖測試，看看這個反應是一階的或二階的，並寫出它的反應速率式。

■ 解：

利用 X_A 算出 $-\ln(1 - X_A)$ 及 $\dfrac{X_A}{1 - X_A}$ 的值，如表 A-1。

■ 表 A-1　習題 3-10 所算出的數據

t(min)	X_A(-)	$1 - X_A$(-)	$-\ln(1 - X_A)$(-)	$\dfrac{X_A}{1 - X_A}$(-)
13	0.112	0.888	0.119	0.126
34	0.257	0.743	0.297	0.346
59	0.367	0.633	0.457	0.580
120	0.552	0.448	0.803	1.232

測試是否為一階反應，以 $-\ln(1-X_A)$ 對 t 繪圖如圖 A-1 所示：

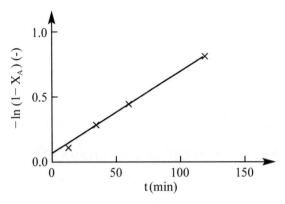

▶圖 A-1　解習題 3-10 的圖

得到一直線，但不過原點，因此不是一階反應。

再測試是否為二階反應，以 $\dfrac{X_A}{1-X_A}$ 對 t 繪圖如圖 A-2 所示：

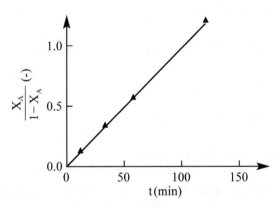

▶圖 A-2　解習題 3-10 的圖

得到過原點的直線，因此是二階反應，由圖可得斜率值。

$$\text{斜率} = 0.01 = C_{A0}k_2 \quad\text{...}\quad (A\text{-}26)$$

$$0.01 = 0.1\,k_2 \quad\text{...}\quad (A\text{-}27)$$

$$k_2 = 0.1\ \text{L}/(\text{g-mol}\cdot\text{min}) \quad\text{.......................................}\quad (A\text{-}28)$$

反應速率式為

$$-r_A = 0.1\,C_A^2 \quad\text{...}\quad (A\text{-}29)$$

Ch 4

4-7 醋酸(acetic acid)和乙醇(ethanol)的酯化作用(esterification)

$$CH_3COOH \;+\; C_2H_5OH \;\rightleftharpoons\; CH_3COOC_2H_5 \;+\; H_2O$$

$$(\quad A \quad+\quad B \quad\rightleftharpoons\quad M \quad+\quad N\ )$$

$$\text{...}\quad (4\text{-}117)$$

在一等溫批式反應器中進行。目標為每日生產 10 ton 之醋酸乙酯 (ethyl acetate)。進料中有 50 g/L 的乙醇，25 g/L 的醋酸和微量的 鹽酸當作觸媒，其餘為水。此混合液體的密度為 1.04 g/L。假設 反應過程中，此密度維持不變。此醇化反應的速率方程式為

$$-r_A = k_f C_A C_B - k_r C_M C_N \quad\text{................................}\quad (4\text{-}118)$$

100°C 時反應常數的值為

$$k_f = 4.8\times10^{-4}\ L/(g\text{-}mol\cdot min) \quad\text{.........................}\quad (4\text{-}119)$$

$$k_b = 1.63\times10^{-4}\ L/(g\text{-}mol\cdot min) \quad\text{......................}\quad (4\text{-}120)$$

當醋酸的轉化率達到 0.3 時，混合物即倒出器外。將生成物倒 出，清洗和將反應物倒入共費時 30 min，求反應器的大小為何？

解：

醋酸、乙醇和醋酸乙酯的分子量分別為

$$M_{CH_3COOH} = 60 \quad\text{...}\quad (A\text{-}30)$$

$$M_{C_2H_5OH} = 46 \quad\text{..}\quad (A\text{-}31)$$

$$M_{CH_3COOC_2H_5} = 88 \quad\text{..} \quad (A\text{-}32)$$

因此

$$C_{A0} = 25\,g/L = 0.417\,g\text{-}mol/L \quad\text{..............................} \quad (A\text{-}33)$$

$$C_{B0} = 50\,g/L = 1.087\,g\text{-}mol/L \quad\text{..............................} \quad (A\text{-}34)$$

每天生產 10 ton 之醋酸乙酯等於

$$10\frac{ton\,M}{day} \times \frac{1\,day}{24\times60\,min} \times \frac{10^6\,g\,M}{1\,ton\,M} \times \frac{1\,g\text{-}mol\,M}{88\,g} = 78.9\,g\text{-}mol\,M/min \quad (A\text{-}35)$$

由式(4-8)得

$$t = C_{A0}\int_0^{X_A} \frac{dX_A}{(-r_A)} \quad\text{..} \quad (A\text{-}36)$$

將式(4-118)代入上式，得

$$t = C_{A0}\int_0^{X_A} \frac{dX_A}{k_f C_A C_B - k_r C_M C_N} \quad\text{..................................} \quad (A\text{-}37)$$

$$t = C_{A0}\int_0^{X_A} \frac{dX_A}{k_f(C_{A0}-C_{A0}X_A)(C_{B0}-C_{A0}X_A) - k_r(C_{M0}+C_{A0}X_A)(C_{N0}+C_{A0}X_A)}$$
$$\text{..} \quad (A\text{-}38)$$

$C_{M0} = C_{N0} = 0$，因此可將此式整理成

$$t = C_{A0}\int_0^{X_A} \frac{dX_A}{\left[C_{A0}^2 k_f - C_{A0}^2 k_r\right]X_A^2 + \left[-k_f(C_{A0}^2 + C_{A0}C_{B0})\right]X_A + \left[k_f C_{A0}C_{B0}\right]}$$
$$\text{..} \quad (A\text{-}39)$$

令　$a = k_f C_{A0} C_{B0}$ \quad\text{..} \quad (A\text{-}40)

$b = -k_f(C_{A0}^2 + C_{A0}C_{B0})$ \quad\text{..............................} \quad (A\text{-}41)

$$c = C_{A0}^2(k_f - k_r) \quad\text{...} \quad (A\text{-}42)$$

$$q = 4ac - b^2 \quad\text{...} \quad (A\text{-}43)$$

則積分式可寫成

$$t = C_{A0}\left[\frac{1}{\sqrt{-q}}\ln\frac{2cX_A + b - \sqrt{-q}}{2cX_A + b + \sqrt{-q}}\right]_0^{X_A} \quad\text{..............................} \quad (A\text{-}44)$$

若將下面諸值

$$k_f = 4.8\times10^{-4}\ L/(g\text{-}mol\cdot min) \quad\text{..............................} \quad (A\text{-}45)$$

$$k_r = 1.63\times10^{-4}\ L/(g\text{-}mol\cdot min) \quad\text{..............................} \quad (A\text{-}46)$$

$$C_{A0} = 0.417\ g\text{-}mol/L \quad\text{..............................} \quad (A\text{-}47)$$

$$C_{B0} = 1.087\ g\text{-}mol/L \quad\text{..............................} \quad (A\text{-}48)$$

$$X_A = 0.3 \quad\text{..............................} \quad (A\text{-}49)$$

將式(A-45)–(A-49)的值代入式(A-44)即可得

$$t = 732\ min \quad\text{..............................} \quad (A\text{-}50)$$

$$732\ min + 30\ min = 762\ min \quad\text{..............................} \quad (A\text{-}51)$$

亦即 762 min 內生產了

$$C_{A0}X_A = 0.417\times0.3 = 0.1251\ g\text{-}mol\ M/L \quad\text{..........................} \quad (A\text{-}52)$$

我們可以下式表示其生產速率

$$\frac{0.1251}{762} = 0.000164\ g\text{-}mol\ M/(L\cdot min) \quad\text{..............................} \quad (A\text{-}53)$$

所須反應器體積可由下式算出

$$\frac{78.9 \text{ g-mol M/min}}{0.000164 \text{ g-mol M/(L·min)}} = 481,097 \text{ L} = 481.097 \text{ m}^3 \text{ .... (A-54)}$$

4-12　有一液相反應

$$A \rightarrow C \text{ , } -r_A = kC_A^2 \text{ .... (4-125)}$$

在一連續攪拌槽中進行，其進口轉化率為零，出口轉化率為 0.4。若所有情況保持不變，而反應器容積改為原來的五倍，其出口轉化率會變成多少？

解：

由式(4-21)，得到如下的關係

$$\frac{VC_{A0}}{F_{A0}} = \frac{C_{A0}(X_A - X_{A0})}{(-r_A)} \text{ .... (A-55)}$$

將 $-r_A = kC_A^2$ 代入上式可得

$$\frac{VC_{A0}}{F_{A0}} = \frac{C_{A0}(X_A - X_{A0})}{kC_A^2} \text{ .... (A-56)}$$

將 C_A 以 $C_{A0}(1-X_A)$ 代之，得

$$\frac{V}{F_{A0}} = \frac{(X_A - X_{A0})}{kC_{A0}^2(1-X_A)^2} \text{ .... (A-57)}$$

因為 $X_{A0} = 0$，又上式移項後可得

$$\frac{X_A}{(1-X_A)^2} = \frac{kC_{A0}^2}{F_{A0}}V = k'V \text{ .... (A-58)}$$

原來情況時，上式變成

$$\frac{0.4}{(1-0.4)^2} = 1.11 = k'V_1 \quad\text{(A-59)}$$

體積變成五倍後，可寫出下式

$$\frac{X_{A2}}{(1-X_{A2})^2} = k' \cdot 5V_1 = 5.55 \quad\text{(A-60)}$$

整理上式可得

$$5.55X_{A2}^2 - 12.1X_{A2} + 5.55 = 0 \quad\text{(A-61)}$$

最後得轉化率的值為

$$X_{A2} = 0.66 \quad\text{(A-62)}$$

Ch 5

5-11 某一液相反應 A→C 在 25°C 時的速率方程式為

$$-r_A = 0.158\, C_A \ \text{g-mol}/(\text{cm}^3 \cdot \text{min}) \quad\text{(5-92)}$$

其中 C_A 的單位是 $\text{g-mol}/\text{cm}^3$。進料速率 v_0 為 $500\,\text{cm}^3/\text{min}$，進料濃度是 $C_{A0} = 1.5 \times 10^{-4}\,\text{g-mol}/\text{cm}^3$，轉化率 $X_{A0} = 0$。今庫存有兩個 2.5 L 和一個 5 L 的連續攪拌槽。

(1) 若將兩個 2.5 L 的攪拌槽串聯，和一個 5 L 的攪拌槽相較，何者有較高的轉化率？

(2) 若將進料分成兩支，每支進料速率為 $250\,\text{cm}^3/\text{min}$ 各通入 2.5 L 的連續攪拌槽，出料處再將兩者合併，其轉化率為何？

(3) 若(1)和(2)的情況不變，而反應器以塞流反應器代之，其轉化率為何？

(4) 將 2.5 L 的塞流反應器置於 2.5 L 的連續攪拌槽之後，最後的轉化率為何？

解：

(1) 兩個 2.5 L 的 CSTR 串聯時

$$\tau_i = \frac{V_i}{v_0} = \frac{2,500}{500} = 5 \text{ min} \quad\text{.....................................} \quad \text{(A-63)}$$

$$N = 2 \quad\text{...} \quad \text{(A-64)}$$

$$k = 0.158 \quad\text{..} \quad \text{(A-65)}$$

將上列數據代入式(5-21)

$$\frac{1}{1 - X_{AN}} = (1 + k\tau_i)^N \quad\text{.....................................} \quad \text{(A-66)}$$

$$\frac{1}{1 - X_{A2}} = (1 + 0.158 \times 5)^2 \quad\text{...........................} \quad \text{(A-67)}$$

由此算出 $X_{A2} = 0.6879$ $\quad\text{..................................}$ (A-68)

只有一個 5 L 的 CSTR 時

$$\tau = \frac{V}{v_0} = \frac{5,000}{500} = 10 \text{ min} \quad\text{...............................} \quad \text{(A-69)}$$

CSTR 質量均衡式為

$$\tau = \frac{C_{A0}(X_A - X_{A0})}{(-r_A)} \quad\text{....................................} \quad \text{(A-70)}$$

把一階反應式代入上式可得

$$\tau = \frac{(X_A - X_{A0})}{k(1 - X_A)} \quad\text{..} \quad \text{(A-71)}$$

$\tau = 10$，$X_{A0} = 0$，$k = 0.158$，將這些值代入上式後，可算出 X_A 值

$$X_A = 0.6124 \quad \text{.. (A-72)}$$

比較式(A-68)和(A-72)的值得知：兩個 2.5 L 的 CSTR 串聯起來比一個 5 L CSTR 所得的轉化率要高。

(2) 兩個 5 L 的 CSTR 並聯，總流量為 $500 \, \text{cm}^3 / \text{min}$，此情況和一個 2.5 L CSTR 流量為 $250 \, \text{cm}^3 / \text{min}$ 的情況一樣。

空間時間為

$$\tau = \frac{V}{v_0} = \frac{2,500}{250} = 10 \quad \text{...................................... (A-73)}$$

由題目知道 $X_{A0} = 0$，$k = 0.158$，

將以上數據代入 CSTR 的一階反應質量均衡式

$$\tau = \frac{(X_A - X_{A0})}{k(1 - X_A)} \quad \text{...................................... (A-74)}$$

可以算出

$$X_A = 0.6124 \quad \text{.. (A-75)}$$

(3) 由 §5-4-1 知道兩個 2.5 L 的塞流反應器串聯所得的轉化率和一個 5 L 塞流反應器的轉化率一樣。因此只要由後者算出 X_A 的值即可。

塞流反應器質量均衡式為

$$\tau = \frac{V}{v_0} = -\int_{C_{A0}}^{C_A} \frac{dC_A}{-r_A} \quad \text{...................................... (A-76)}$$

此反應為一階的，將 $-r_A = kC_A$ 代入，積分，並將 C_A 改成 X_A 可得

$$\tau = \frac{V}{v_0} = \frac{1}{k}\left[-\ln\frac{1-X_A}{1-X_{A0}} \right]$$ .... (A-77)

已知

$$V = 5,000 \text{ cm}^3$$ .... (A-78)

$$v_0 = 500 \text{ cm}^3 / \text{min}$$ .... (A-79)

$$k = 0.158 \text{ L} / \text{min}$$ .... (A-80)

$$X_{A0} = 0$$ .... (A-81)

將上列數據代入式(A-77)可算出

$$X_A = 0.794$$ .... (A-82)

若將兩個 2.5 L 的塞流反應器並聯，每個反應器的進料速率為 $250 \text{ cm}^3 / \text{min}$，則情形和一個 2.5 L 的塞流反應器，其進料速率為 $250 \text{ cm}^3 / \text{min}$ 的情況一樣。此時 τ 為

$$\tau = \frac{V}{v_0} = \frac{2,500}{250} = 10$$ .... (A-83)

τ 值和前面一樣，因此可得相同的轉化率

$$X_A = 0.794$$ .... (A-84)

(4) 將塞流反應器置於連續攪拌槽之後，則如圖 A-3 所示：

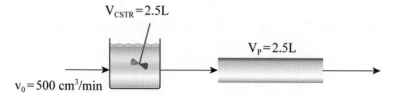

▶圖 A-3　攪拌槽和塞流反應器串聯

CSTR 質量均衡式為

$$\tau_{CSTR} = \frac{V_{CSTR}}{v_0} = \frac{(X_{A1} - X_{A0})}{k(1 - X_{A1})} \quad \text{..} \quad (A\text{-}85)$$

$$\frac{2,500}{500} = \frac{(X_{A1} - 0)}{0.158(1 - X_{A1})} \quad \text{..} \quad (A\text{-}86)$$

由上式可算出 X_{A1} 值

$$X_{A1} = 0.441 \text{..} \quad (A\text{-}87)$$

塞流反應器質量均衡式為

$$\tau = \frac{V}{v_0} = \frac{1}{k}\left[-\ln\frac{1 - X_{A2}}{1 - X_{A1}} \right] \quad \text{............................} \quad (A\text{-}88)$$

$$\frac{2,500}{500} = \frac{-1}{0.158}\ln\frac{1 - X_{A2}}{1 - 0.441} \quad \text{................................} \quad (A\text{-}89)$$

$$X_{A2} = 0.746 \text{..} \quad (A\text{-}90)$$

5-14 某工廠希望由流速為 20,000 L／day 的廢水中提取有用的化學品 R，廢水中 A 的含量為 0.01 g-mol／L。我們須將含有 A 的廢水引入一連續攪拌槽中，使之水解成為有價值的 R。假設分離 A 和 R 的成本可以忽略不計，而 R 的售價為 NT $100／g-mol，為求最大的利潤，反應器的大小及轉化率應為若干？固定成本為 NT $22,500 V$^{1/2}$／year（V 的單位是 L）。操作成本為 NT $2,000／操作天。每年有三百個操作天。水解反應是一階反應。

$$A \rightarrow R \quad， \quad -r_A = 0.25\, C_A \text{ g-mol}/(h \cdot L) \quad \text{.....................} \quad (5\text{-}93)$$

解：

反應物 A 消失的速率方程式為

$$-r_A = -\frac{dC_A}{dt} = kC_A = 0.25C_A \text{ g-mol}/(h \cdot L) \dotfill \text{(A-91)}$$

又

$$C_A = C_{A0}(1 - X_A) \dotfill \text{(A-92)}$$

代式(A-92)入式(A-91)，並將 $C_{A0} = 0.01$ g-mol/L 代入式中，可得

$$-r_A = 0.0025(1 - X_A) \text{ g-mol}/(h \cdot L) \dotfill \text{(A-93)}$$

連續攪拌槽的質量均衡方程式為

$$V = \frac{F_{A0}X_A}{(-r_A)}$$

$$= \frac{20,000/24 \times 0.01X_A}{0.0025(1 - X_A)} = 3,333\frac{X_A}{1 - X_A} \dotfill \text{(A-94)}$$

一年總利潤為 $\$_P$

$$\$_P = 100F_{A0}X_A \times 100 - 22,500V^{\frac{1}{2}} - 2,000 \times 300$$

$$= 100 \times 20,000 \times 0.01 \times 300X_A -$$

$$22,500 \times 3,333^{\frac{1}{2}}\left(\frac{X_A}{1 - X_A}\right)^{\frac{1}{2}} - 2,000 \times 300 \dotfill \text{(A-95)}$$

$$= 6 \times 10^6 X_A - 1.299 \times 10^6 \left(\frac{X_A}{1 - X_A}\right)^{\frac{1}{2}} - 6 \times 10^5 \dotfill \text{(A-96)}$$

微分之，並令微分值為零：

$$\frac{d\$_P}{dX_A} = 6 \times 10^6 - 6.495 \times 10^5 \frac{\dfrac{1}{(1-X_A)^2}}{\left(\dfrac{X_A}{1-X_A}\right)^{\frac{1}{2}}} = 0 \quad \text{............................. (A-97)}$$

$$6 \times 10^6 \frac{X_A^{\frac{1}{2}}}{(1-X_A)^{\frac{1}{2}}} = 6.495 \times 10^5 \frac{1}{(1-X_A)^2} \quad \text{.................. (A-98)}$$

以試誤法可求得

$$X_A = 0.75 \quad \text{... (A-99)}$$

將 X_A 的值代入式(A-96)中

$$\$_P = 6 \times 10^6 (0.75) - 1.299 \times 10^6 \left(\frac{0.75}{1-0.75}\right)^{\frac{1}{2}} - 6 \times 10^5$$

$$= NT\$1,650,000 / \text{year} \quad \text{...(A-100)}$$

$$V = 3,333 \frac{X_A}{1-X_A} = 3,333 \frac{0.75}{1-0.75}$$

$$= 9,999 \text{ L} = 9.999 \text{ m}^3 \quad \text{...(A-101)}$$

Ch 6

6-6 某個一階可逆氣相反應 $A \underset{k_2}{\overset{k_1}{\rightleftharpoons}} C$ 在一連續攪拌槽中進行。如果反應在 300 K 下進行，為求 0.5 的轉化率，反應器的容積為 110 L。如果溫度提高到 400 K，壓力不變，為求相同的轉化率，反應器的大小應該如何改變？數據如下：

$$k_1 = 10^3 \exp\left[-4,700 / R_g T\right] \text{ 1/s} \quad \text{....................................... (6-112)}$$

$$\Delta C_P = C_{PC} - C_{PA} = 0 \quad\text{.. (6-113)}$$

$$\Delta H_r(300K) = 9,000 \, cal/g\text{-}mol \quad\text{.. (6-114)}$$

$$K(300K) = 11 \quad\text{.. (6-115)}$$

$$X_{A0} = 0 \quad\text{.. (6-116)}$$

解：

因為 $\Delta C_P = 0$，由熱力學得知 $\Delta H_r = $ 定值 $= 9,000 \, cal/g\text{-}mol$。因此，Van't Hoff 式可寫成

$$\ln\frac{K_2}{K_1} = \frac{(-\Delta H_r)}{R}\left(\frac{1}{T_2} - \frac{1}{T_1}\right) \quad\text{................................(A-102)}$$

T_1 為 300 K，且 T_2 為 400 K 時，K_1 的值為 11。

$$\ln\frac{K_2}{11} = \frac{(-9,000)}{1,987}\left(\frac{1}{400} - \frac{1}{300}\right) \quad\text{............................(A-103)}$$

$$K_2 = K_{400K} = 412 \quad\text{..(A-104)}$$

我們可由數據之 k_1 表示式求出 k_1 在 300 K 和 400 K 之值。

$$k_{1_{330K}} = 1\times10^3 \exp(-4,700/1,987\times300) = 0.376 \, 1/s \quad\text{................(A-105)}$$

$$k_{1_{400K}} = 1\times10^3 \exp(-4,700/1,987\times400) = 2.703 \, 1/s \quad\text{................(A-106)}$$

因為

$$k_2 = \frac{k_1}{K_1} \quad\text{..(A-107)}$$

由此式得 k_2 在 300 K 和 400 K 之值

$$k_{2_{300K}} = \frac{0.376}{11} = 0.0342 \, 1/s \quad\text{................................(A-108)}$$

$$k_{2_{400K}} = \frac{2.703}{412} = 0.00656 \ 1/s \ \text{..(A-109)}$$

由連續攪拌槽之質量均衡式

$$\tau = \frac{C_{A0}X_A}{(-r_A)} = \frac{X_A}{k_1(1-X_A)-k_2X_A} \ \text{................................(A-110)}$$

可求得 300 K 時之進料摩爾速率

$$\tau_{300} = \frac{0.5}{0.376\times(1-0.5)-0.0342\times0.5} = 2.93 \ s \ \text{...........................(A-111)}$$

將 $X_A = 0.5$ 和 400 K 時之 k_1 和 k_2 值代入式(A-110)中，可得

$$\tau_{400} = \frac{0.5}{2.703\times0.5-0.00656\times0.5} = 0.371 \ s \ \text{...........................(A-112)}$$

由空間時間之定義知

$$\tau = \frac{VC_{A0}}{F_{A0}} \ \text{..(A-113)}$$

我們知道反應溫度改變，τ、V 和 C_{A0} 的值都會改變，但進料摩爾速率 F_{A0} 不變。因此

$$\frac{V_{300}C_{A0\,300}}{\tau_{300}} = \frac{V_{400}C_{A0\,400}}{\tau_{400}} \ \text{.................................(A-114)}$$

又，此反應為氣相反應，氣體濃度和溫度成反比

$$C_{A0} \propto 1/T \ \text{..(A-115)}$$

所以

$$\frac{V_{300}}{300\times\tau_{300}} = \frac{V_{400}}{400\times\tau_{400}} \ \text{..(A-116)}$$

$$\frac{110}{300 \times 2.93} = \frac{V_{400}}{400 \times 0.371} \quad \dots\dots\dots\dots\dots\dots\dots\dots\dots\dots\dots\dots\dots\dots\dots (A\text{-}117)$$

$$V_{400} = 18.6 \text{ L} = 0.0186 \text{ m}^3 \quad \dots\dots\dots\dots\dots\dots\dots\dots\dots\dots\dots\dots\dots (A\text{-}118)$$

Ch 7

7-25　有個一階不可逆反應，在一半徑為 0.2 cm 的多孔性觸媒球內，產生化學反應 $A \to R$。假設

　　　有效擴散係數　　　$D_e = 0.015 \text{ cm}^2 / \text{s}$ .... (7-67)

　　　　　　　　　　　　$k\rho S_g = 0.93 \text{ 1/s}$ 　（100°C 時）............... (7-68)

　　　活化能　　　　　　$E = 20 \text{ kcal/g-mol}$ .... (7-69)

(1) 反應物氣體 A 在觸媒球表面的濃度 $C_{AS} = 3.25 \times 10^{-2} \text{ g-mol/L}(100°C)$，試問在 100°C 時，整體反應速率 $(-r_A)$ 為多少 $\text{g-mol}/(\text{L}\cdot\text{s})$？

(2) 如果有效擴散係數的值不變，試問150°C 的整體反應速率是多少 $\text{g-mol}/(\text{L}\cdot\text{s})$？

(3) 試求 $\dfrac{(-r_A)_{150}}{(-r_A)_{100}}$ 和 $\dfrac{(\eta)_{150}}{(\eta)_{100}}$ 的值。

解：

(1) 由式(7-50)知

$$h = l\sqrt{\frac{\rho S_g k}{D_e}} \quad \dots\dots\dots\dots\dots\dots\dots\dots\dots\dots\dots\dots\dots\dots\dots (A\text{-}119)$$

　　代入數據

$$h = 0.2\sqrt{\frac{0.93}{0.015}} = 1.574 \quad \dots\dots\dots\dots\dots\dots\dots\dots\dots\dots\dots (A\text{-}120)$$

由圖 7-10 查出 h = 1.574 時 $\eta = 0.9$。因此 100°C 時之整體反應速率為

$$(-r_A)_{100} = \eta \cdot (\rho S_g k) \cdot C_{AS} \quad\text{...(A-121)}$$

$$= 0.9 \times 0.93 \times 3.25 \times 10^{-2}$$

$$= 0.0272 \, \text{g-mol} / (\text{L} \cdot \text{s}) = 0.0272 \, \frac{\text{kg-mol}}{\text{m}^3 \cdot \text{s}} \quad\text{..................(A-122)}$$

(2) 由阿瑞尼式定律知

$$\rho S_g k = \exp(-E/RT) \quad\text{...(A-123)}$$

因此

$$\frac{(\rho S_g k)_{150}}{(\rho S_g k)_{100}} = \frac{\exp(-E/RT_{150})}{\exp(-E/RT_{100})} \quad\text{.................................(A-124)}$$

整理後代入數據，可得

$$(\rho S_g k)_{150} = 0.93 \times \exp\left\{ \frac{-20,000}{1.987} \left[\frac{1}{(150+273)} - \frac{1}{(100+273)} \right] \right\}$$

$$= 22.582 \quad\text{...(A-125)}$$

代入式(A-119)中

$$h = 0.2 \sqrt{\frac{22.582}{0.015}} = 7.76 \quad\text{..(A-126)}$$

再由圖 7-10 查出 $\eta = 0.38$

由理想氣體定律知道

$$C_{AS100} T_{100} = C_{AS150} T_{150} \quad\text{...(A-127)}$$

整理並代入數據，得到 C_{AS150}

$$C_{AS150} = \frac{3.25 \times 10^{-2} \times (100+273)}{(150+273)} \quad\text{...(A-128)}$$

$$C_{AS150} = 2.86 \times 10^{-2} \quad \text{............................(A-129)}$$

因此在 150°C 時之整體反應速率為

$$(-r_A)_{150} = \eta \cdot (\rho S_g k) \cdot C_{AS}$$

$$= 0.38 \times 22.582 \times 2.86 \times 10^{-2}$$

$$= 0.245 \, \text{g - mol}/(L \cdot s) = 0.245 \, \frac{\text{kg - mol}}{\text{m}^3 \cdot \text{s}} \quad \text{...............(A-130)}$$

(3) $\dfrac{(-r_A)_{150}}{(-r_A)_{100}} = \dfrac{0.245}{0.0272} = 9$ ....(A-131)

$\dfrac{(\eta)_{150}}{(\eta)_{100}} = \dfrac{0.38}{0.9} = 0.422$ ....(A-132)

Ch 8

8-8 某化學反應 $A \to R$ 在一填充床中進行。其固定進料速率 F_{A0} 為 $10 \, \text{kg - mol}/h$。隨著觸媒重量的不同,其出口處的轉化率亦不同,如表 8-5 所示。

表 8-5 習題 8-8 的數據

觸媒重量 W(kg)	1	2	3	4	5	6	7
X_A(-)	0.12	0.20	0.27	0.33	0.37	0.41	0.44

(1) 試求轉化率 0.6 時的反應速率。

(2) 若欲將反應床放大,使進料速率 F_{A0} 變成 $500 \, \text{kg - mol}/h$,欲求 0.35 的轉化率,須用多少觸媒?

解:

假設此反應為一階反應

$$-r'_A = \eta k C_A \quad \dots\dots\dots\dots\dots\dots\dots\dots\dots\dots\dots\text{(A-133)}$$

塞流反應器設計方程式為

$$\frac{W}{F_{A0}} = \int_0^{X_A} \frac{dX_A}{(-r'_A)} \quad \dots\dots\dots\dots\dots\dots\dots\dots\dots\text{(A-134)}$$

代式(A-133)入式(A-134)，整理後可得

$$\frac{W}{F_{A0}} = \frac{1}{\eta k C_{A0}} \int_0^{X_A} \frac{dX_A}{1-X_A} \quad \dots\dots\dots\dots\dots\dots\dots\text{(A-135)}$$

積分後並整理之

$$\eta k C_{A0} \frac{W}{F_{A0}} = \ln \frac{1}{1-X_A} \quad \dots\dots\dots\dots\dots\dots\dots\dots\text{(A-136)}$$

如果反應確是一階反應時，以 $\ln\dfrac{1}{1-X_A}$ 對 W/F_{A0} 繪圖，必可得一過原點的直線。表 A-2 中把計算過程所得的數據列出來。

▍表 A-2　解習題 8-8 過程中算出的數據

W(kg cat)	$\dfrac{W}{F_{A0}}\left(\dfrac{\text{kg cat h}}{\text{kg - mol}}\right)$	X_A (–)	$\dfrac{1}{1-X_A}$ (–)	$\ln\left(\dfrac{1}{1-X_A}\right)$ (–)	$\dfrac{1}{1-X_A}-1$ (–)
1	0.1	0.12	1.136	0.1275	0.136
2	0.2	0.20	1.250	0.2231	0.250
3	0.3	0.27	1.370	0.3148	0.367
4	0.4	0.33	1.492	0.4001	0.492
5	0.5	0.37	1.587	0.4618	0.587
6	0.6	0.41	1.695	0.5277	0.695
7	0.7	0.44	1.786	0.5798	0.786

由圖 A-4 觀之，各點並不能構成一直線，因此此反應並非一階的形式。

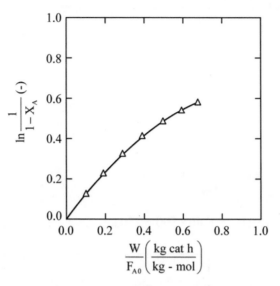

▶圖 A-4　解習題 8-8 的圖

下面試試看是否為二階反應：

$$-r'_A = \eta k C_A^2 \quad \text{...(A-137)}$$

代式(A-137)入式(A-134)，積分整理後可得

$$\eta k C_{A0}^2 \frac{W}{F_{A0}} = \frac{1}{1-X_A} - 1 \quad \text{.......................................(A-138)}$$

若為二階反應，以 $\dfrac{1}{1-X_A} - 1$ 對 $\dfrac{W}{F_{A0}}$ 作圖可得一過原點，斜率為 $\eta k C_{A0}^2$ 之直線。

$\dfrac{1}{1-X_A} - 1$ 的值列於表 A-2 中，所作的圖為圖 A-5。由圖觀之，此七點可構成過原點之直線，斜率為 1.167。因此反應速率式為

$$-r'_A = 1.167(1-X_A)^2 \quad \text{...(A-139)}$$

轉化率 $X_A = 0.6$ 時，反應速率為

$$-r'_A = 1.167(1-0.6)^2$$

$$= 0.19 \frac{kg\text{-}mol}{kg\text{-}cat\ hr} = 5.27 \times 10^{-5} \frac{kg\text{-}mol}{kg\ cat \cdot s} \quad \text{...........................(A-140)}$$

$X_A = 0.35$ 時

$$\frac{1}{1-X_A} - 1 = 0.54 \quad \text{..(A-141)}$$

由圖 A-5 可得此時 $\dfrac{W}{F_{A0}} = 0.46$

$$W = 0.46 \times F_{A0} = 0.46 \times 500 = 230\ kg \quad \text{.....................................(A-142)}$$

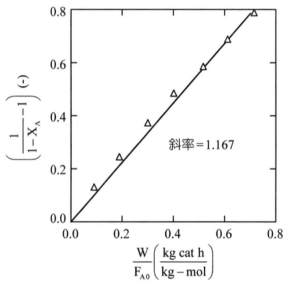

▶ 圖 A-5　習題 8-8 的作圖

● 附錄B　SI單位和符號

基本單位	單位	SI 符號	SI 單位
length	meter	m	m
mass	kilogram	kg	kg
time	second	s	s
electric current	ampere	A	—
thermodynamic temperature	kelvin	K	—
amount of substance	mole	mol	—
luminous intensity	candela	cd	—

補充單位	單位	SI 符號	SI 單位
plane angle	radian	rad	—
solid angle	steradian	sr	—

衍生單位	單位	SI 符號	SI 單位
acceleration	meter per second squared	—	m/s^2
angular acceleration	radian per second squared	—	rad/s^2
angular velocity	radian per second	—	rad/s
area	square meter	—	m^2
density	kilogram per cubic meter	—	kg/m^3
electric potential difference	volt	V	—
electric resistance	ohm	Ω	—
energy	joule	J	$N \cdot m$
entropy	joule per kelvin	—	J/K
force	newton	N	$kg \cdot m/s^2$
frequency	hertz	Hz	$1/s$
magnetomotive force	ampere	A	—
power	watt	W	J/s
pressure	pascal	Pa	N/m^2
quantity of electricity	coulomb	C	$A \cdot s$
quantity of heat	joule	J	$N \cdot m$
radiant intensity	watt per steradian	—	W/sr
specific heat	joule per kilogram-kelvin	—	$J/kg \cdot K$
stress	pascal	Pa	N/m^2
thermal conductivity	watt per meter-kelvin	—	$W/m \cdot K$
velocity	meter per second	—	m/s
viscosity, dynamic	pascal-second	—	$Pa \cdot s$
viscosity, kinematic	square meter per second	—	m^2/s
volume	cubic meter	—	m^3
work	joule	J	$N \cdot m$

SI 字首

乘法因子	字首	SI 符號
$1\ 000\ 000\ 000\ 000 = 10^{12}$	tera	T
$1\ 000\ 000\ 000 = 10^{9}$	giga	G
$1\ 000\ 000 = 10^{6}$	mega	M
$1\ 000 = 10^{3}$	kilo	K
$100 = 10^{2}$	hecto	H
$10 = 10^{1}$	deka	da
$0.1 = 10^{-1}$	deci	d
$0.01 = 10^{-2}$	centi	c
$0.001 = 10^{-3}$	milli	m
$0.000\ 001 = 10^{-6}$	micro	μ
$0.000\ 000\ 001 = 10^{-9}$	nano	n
$0.000\ 000\ 000\ 001 = 10^{-12}$	pico	p
$0.000\ 000\ 000\ 000\ 001 = 10^{-15}$	femto	f
$0.000\ 000\ 000\ 000\ 000\ 001 = 10^{-18}$	atto	a

中文索引

MEMO

MEMO

MEMO

MEMO

MEMO

國家圖書館出版品預行編目資料

反應工程學 / 林俊一編著.– 第九版.– 新北市：
新文京開發, 2019.06
面；公分

ISBN 978-986-430-511-7（平裝）

1. 化工動力學

460.132　　　　　　　　　　　　　108008796

反應工程學（第九版）　　　　　　　　（書號：B013e9）

編 著 者	林俊一
出 版 者	新文京開發出版股份有限公司
地　　址	新北市中和區中山路二段 362 號 9 樓
電　　話	(02) 2244-8188（代表號）
F　A　X	(02) 2244-8189
郵　　撥	1958730-2
九　　版	西元 2019 年 06 月 20 日

New Wun Ching Developmental Publishing Co., Ltd.

New Age · New Choice · The Best Selected Educational Publications — NEW WCDP

新文京開發出版股份有限公司

NEW
WCDP

新世紀・新視野・新文京 — 精選教科書・考試用書・專業參考書